高职高专特色实训教材

单 片 机
实训教程

金 亮 主编
牛永鑫 主审

化学工业出版社
·北京·

本书内容共分3章。第1章为单片机控制实训须知，主要介绍实训室的基本情况、实训室守则和考核方式等。第2章为单片机基础实训项目，包括10项基础实训，对单片机的基本功能和操作进行练习，学生可通过手机快速浏览视频以解决文字描述难以解决的教学难点，实现教材从平面向立体转化、从单一媒体向多媒体转化。第3章为单片机扩展实训项目，包括6个实训项目，学生可以自己选择实训项目，通过制电路板、焊接、程序调试制作成自己的产品。也可以通过实训室实验设备进行验证。

本书可作为高职高专院校机电类专业学生教材，也可供相关工程技术人员参考学习。

图书在版编目（CIP）数据

单片机实训教程/金亮主编 . —北京：化学工业出版社，2018.3
ISBN 978-7-122-31452-9

Ⅰ.①单…　Ⅱ.①金…　Ⅲ.①单片微型计算机-教材
Ⅳ.①TP368.1

中国版本图书馆 CIP 数据核字（2018）第 015553 号

责任编辑：廉　静　　　　　　　　　文字编辑：陈　喆
责任校对：宋　玮　　　　　　　　　装帧设计：刘丽华

出版发行：化学工业出版社（北京市东城区青年湖南街 13 号　邮政编码 100011）
印　　刷：三河市航远印刷有限公司
装　　订：三河市瓯发装订厂
787mm×1092mm　1/16　印张 9¼　字数 226 千字　　2018 年 5 月北京第 1 版第 1 次印刷

购书咨询：010-64518888（传真：010-64519686）　　售后服务：010-64518899
网　　址：http://www.cip.com.cn
凡购买本书，如有缺损质量问题，本社销售中心负责调换。

定　　价：32.00 元

—→ >>> 前 言

本书是按照高等职业教育培养高素质技能型专门人才的目标要求，以任务驱动技能训练，着重培养学生的实际动手能力与综合应用能力。融合单片机实训和单片机应用技术多年的教学经验总结，本书在编写过程中注重突出如下特点：

第一，采用手机二维码技术手段。学生可通过手机快速浏览视频以解决文字描述难以解决的教学难点，实现教材从平面向立体转化，从单一媒体向多媒体转化。

第二，实训项目以单片机实际的控制系统为载体，各自独立，项目难度由浅入深，学生可自主选择实训项目。

第三，本教程中加入了电子设计大赛的训练内容。参赛学生可以参照本内容加以训练，正常实训学生可以进行提高训练。

第四，本书实训项目结果伴随着声、光、动作和显示，让学生对实训项目产生浓厚兴趣。

第五，6S管理贯彻实训过程。实训考核突出6S管理环节，在学生整个实训过程中严格实施，有利于学生综合素质的提高。

本书由金亮主编。其中第1章、第2章、第3章的3.1～3.4节由金亮编写；第3章的3.5节、3.6节及附录部分由刘长喜编写。媒体脚本由金亮设计，拍摄由梁伟、闫妍等完成，穆德恒提供二维码方面的技术支持。全书由金亮统稿，由辽宁石化职业技术学院实训处牛永鑫主审。

在编写的过程中，金沙、孙建、金雅娟、景泉等提供了宝贵意见，在此表示衷心感谢。

由于编者水平有限，加之时间仓促，书中不足之处在所难免，敬请读者批评指正。

编　者
2017 年 12 月

目 录

第1章

单片机实训须知

1.1 单片机实训室简介

单片机实训室面积 90m^2，共 20 个教学平台。单片机实训室是学生单片机开发的主要场所，可进行单片机的硬件电路设计、单片机的软件设计、单片机系统的调试及程序下载的工作。

实训室基本配置如下：

① 灭火器：灭火器在前后门门口处相应位置（禁止随意挪动，并专人定期检查灭火器压力是否在正常范围内）。

② 实验设备：主要配有台式电脑（戴尔）20 台、单片机综合实验箱（国泰安）20 台、6 自由度机械手 20 个、语音机器人 20 个、两台电路板制板机，学生可以利用这些设备进行硬件设计、连线、制电路板及 C 语言程序调试。实训室所有实训任务都是以单片机综合实验箱为主。如图 1-1 所示。

图 1-1　单片机实验箱

配置清单见表 1-1，实验箱中有两个电源 12V 和 24V（实验箱电源的注意事项见视频二维码 M1-1）。

M1-1

表 1-1 单片机实验箱配置清单

设备型号	配置描述	数量
①核心模块		
GTA-GPMA12CA	单片机核心模块	1
② 显示模块		
GTA-GISO14CA	开关与 LED 显示模块	1
GTA-GDSO11CA	数码管显示模块	1
GTA-GDH11CA	16×16 双色点阵模块	1
GTA-GDA11CA	1602 字符型液晶模块	1
GTA-GDB11CA	128×64 点阵液晶模块	1
③ 功能模块		
GTA-GIMS14CA	矩阵键盘板	1
GTA-GCMS41CA	直流电机驱动板	1
GTA-GEAX11CA	ADC/DAC 模块板	1
GTA-GEIX11CA	I/O 扩展板	1
GTA-GECA11CA	日历时钟	1
GTA-GSWX21CA	2kg，HX711 称重模块	1
GTA-GWGK11CA	GSM 通信	1
GTA-GCTD11CA	恒温室控制系统	1
GTA-GITT11CA	触摸检测传感器	1
GTA-GSTP11CA	LPTC 热电阻温度传感器扩展	1
GTA-GSOUR1CA	光电反射传感器	1
GTA-GCRES1CA	6 轴自由度舵机接口模块	1
GTA-GSSO11CA	接近开关	1
GTA-GMPH11CA	微型打印	1
GTA-GSUM11CA	声波测距模块	1
GTA-GCMD11CA	光电编码模块	1
GTA-GSMI91CA	9 轴 MEMS 传感器	1
GTA-GSIS11CA	人体红外模块	1
GTA-GSCS11CA	颜色模块	1
GTA-GCVI11CA	语音识别红外遥控模块	1
GTA-GSNN11CA	汽车舒适度检测	1
GTA-GEECG1CA	模块转换板/扩展接口板	1
GTA-GSIM11GA	人体红外测温传感器	1

设备型号	配置描述	数量
GTA-GSEB11GA	环境检测传感器	1
④ 配件工具		
配件	24V 电源适配器	1
配件	12V 电源适配器	1
配件	10PIN 排线	若干
配件	杜邦线	若干
配件	机械手	1
配件	机器人	1

③ 实验仪器：双踪示波器、仿真器、下载器。

④ 实训凳：单片机实训室配有实训凳 40 个。

⑤ 资料柜：摆放常用工具书和实训相关资料。

1.2 实训室守则

单片机控制实训室必须严格按照 6S 管理，即：整理、整顿、清扫、清洁、素养、安全。

① 实训前，必须做好预习报告，明确实训目的，熟悉实训原理和实训步骤。

② 实训操作开始前，首先应检查工具、器材的完好性，待教师检查合格后，方能开始实训操作。

③ 实训操作中，要仔细观察现象，积极思考问题，严格遵守操作规程，实事求是地做好记录，并严格遵守安全守则与每个实训的安全注意事项，一旦发生意外事故，应立即报告教师，采取有效措施，迅速排除事故。

④ 实训室内应保持安静，不得谈笑、打闹和擅自离开岗位，不得将书报、体育用品等与实训无关的物品带入实训室，严禁在实训室吸烟、饮食。

⑤ 服从指导，有事要先请假，不经教师同意，不得离开实训室。

⑥ 要始终做到台面、地面、控制箱、仪器的"四净"，导线的绝缘皮、短段导线等废弃物应放入垃圾桶中，不得扔在地上。实训完毕后，应及时将实训工具、实训器材整理好，并放回指定位置。

⑦ 要爱护公物，节约材料，养成良好的实训习惯。要节约使用水、电、导线等消耗性物品。

⑧ 学生轮流值日，打扫、整理实训室。值日生应负责打扫卫生，整理公共器材，倒净垃圾桶并检查水、电、门窗是否关闭。

⑨ 实训完毕，应及时整理实训记录，写出完整的实训报告，按时交教师审阅。

⑩ 师生均需穿工作服。

1.3 实训室安全守则

① 进入实训室应穿实训服或工作服，严禁赤脚或穿镂空的鞋子（如凉鞋或拖鞋）进入实训室。

② 绝对禁止在实训室内吸烟，严禁把明火带入实训室。

③ 进入实训室首先要熟悉实训室的消防器材的位置。

④ 学生要听从老师的指令，在允许通电时方可通电。

⑤ 使用电器时，应防止人体与电器导电部分直接接触，不能用湿的手或手握湿物接触电插头。为了防止触电，装置和设备的金属外壳等都应接地线。实训后应切断电源，拔下插头。

1.4　单片机控制实训考核

单片机控制实训是培养学生单片机硬件电路设计、程序的编写和调试的控制装置综合技能的一门课程，采用过程考核的方式对学生实训效果进行全程跟踪考核。

本课程按实训项目进行跟踪考核，实训最终成绩按各个实训项目成绩的代数和计算，每个实训项目的操作时间均为 100min，评分要素及评分标准见表 1-2。

表 1-2　单片机控制评价表

项目	配分	评分要素	评分标准	得分	备注
准备	5	准备万用表、程序编写和调试的工具、软件(画图和程序调试)	每少准备一件扣 1 分(扣满为止，下同)		
绘图识图	15	能绘制 protel 原理图	绘制的原理图错误一处扣 1 分		
		能说明 protel 原理中各器件的作用	不能说明作用的扣 3 分		
		能说明利用单片机的引脚功能	不能说明的扣 5 分		
硬件电路要求	20	连线正确	和 protel 图中连线对比，错一条扣 5 分		
程序编写与调试	20	程序编写规范	一处不规范扣 2 分		
		程序无错误	程序编译，没通过扣 10 分		
		能软件仿真调试(软件能单步、块、打断点、全速执行)	软件不能调试、扣 10 分，不能单步、块、打断点、全速执行，缺一个扣 2 分		
通电联合调试	20	检查电源是否正常	上电前未检查电源电压是否符合要求扣 5 分		
		正确使用万用表	不能正确使用扣 5 分		
		上电能分析出是硬件故障	如果是硬件故障，找不到原因扣 5 分		
		上电能分析出是软件故障	如果是软件故障，找不到原因扣 5 分		
		调试，程序执行，正确显示实验现象	调试结果不正确，时间已到，没找到原因，扣 10 分，少一结果扣 5 分		
安全文明生产	20	能遵守国家或企业、实训室有关安全规定	每违反一项规定，从总分中扣 5 分严重违规者停止操作		
		能在规定的时间内完成	每超时 1min 扣 5 分(提前完成不加分；超时 3min 停止操作)		
合计	100				

第2章

单片机基础实训项目

内容提要与训练目标

本章主要讲述单片机开发的基本操作及 C 语言编程，针对单片机与传感器实训室的单片机实训箱，进行实际电路连接及编程操作。

训练目标：

◇ 熟练掌握单片机 I/O 口的基本操作。

◇ 掌握单片机内部各个模块的使用及编程方法。

◇ 掌握数字式万用表、示波器等工具的使用方法。

◇ 能够独立完成简单单片机项目的电路及编程。

2.1 单片机最小系统设计及验证（ LED 灯闪烁 ）

【任务描述】 ◂◂◂——

① 单片机程序的编写和转换成可烧录的 .Hex 文件完成 Keil μVision4、Keil C51 的项目的创建。

② 单片机程序的烧录。通过 RS-232 串口，利用 STC-ISP 软件，进行 .Hex 程序的下载。

③ 构建单片机最小系统，实现 LED 小灯的闪烁（验证最小系统是否搭建成功）。

【任务目标】 ◂◂◂——

◇ 掌握 STC12C5A60S2 单片机的最小系统组成。

◇ 掌握 STC12C5A60S2 单片机的 I/O 口的使用方法。

◇ 学习 STC12C5A60S2 单片机的编程、程序下载。

【相关知识】 ◂◂◂——

（1）单片机最小系统的组成

① 上电复位电路　STC12C5A60S2 单片机高电平复位，采用阻容复位方法，电阻选用 1/4W、10kΩ 的色环电阻，电容选用 25V、10μF 的电解电容，电路见图 2-1，M2-1 视频是复位电路的设计方法。

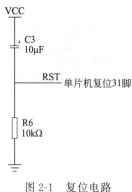

图 2-1　复位电路　　　　　　　　　　　　　M2-1

② 晶振电路　选用 2 个 30pF 的瓷片电容做起振电容，晶振选用 12MHz 无源晶振。电路如图 2-2 所示，M2-2 视频是晶振电路的设计方法。

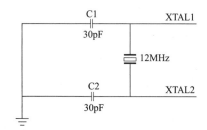

图 2-2　晶振电路　　　　　　　　　　　　　M2-2

③ 电源电路　单片机 40 引脚接 VCC，20 引脚接 GND。

（2）数字万用表（UT61E）的使用（M2-3 是 UT61E 数字万用表的使用方法）

M2-3

UT61E 是 4 位半的高精度数字万用表，可以测量交直流电压和电流、电阻、二极管、电路通断、电容等参数。在单片机调试中应用广泛。

（3）LED 小灯的闪烁

在 LED 小灯由亮到灭，或由灭到亮时，加 5ms 的延迟，人眼才能识别。

（4）硬件电路图

如图 2-3 所示。

【任务实施】 ‹‹‹←—

（1）需要实验设备和软件

① 实验设备（试验箱）。见图 2-4～图 2-9。

② 软件：Keil 程序编写和 STC-ISP 程序下载软件（图 2-10、图 2-11）。

（2）单片机实验箱的使用（实验箱的基本使用方法视频见二维码 M2-4）

① 打开实验箱，把实验箱上盖内部的带有橡皮筋的黑色防振泡沫垫到上盖的下方，把上盖平放在实验台上。

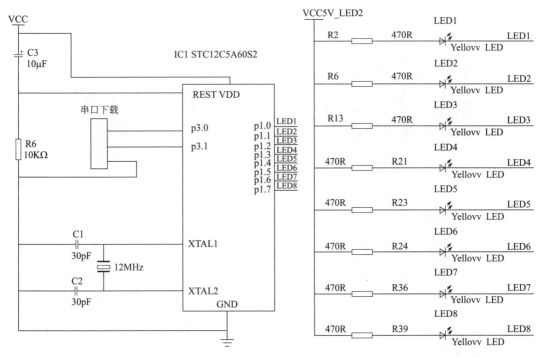

图 2-3　LED 小灯 P1 口控制的电路图

图 2-4　GTA-GPMA12CA（MCU 核心板）

图 2-5　GTA-GECA11CA（RS-232 下载板）

图 2-6　GTA- GISO14CA（LED 灯）

图 2-7　10PIN 排线

图 2-8   12V 稳压电源

图 2-9   UT61E 万用表

图 2-10   Keilμ Vision4 桌面图标

图 2-11   STC-ISP 桌面图标

② 把实验箱内部右下角的 GTA-GPMA12CA（MCU 核心板）放到实验箱上盖磁性平台上，再把实验箱内部的上边泡沫垫打开，找到 GTA-GECA11CA（RS-232 下载模块），把它放到实验箱上盖磁性平台上，用排线把 GTA-GPMA12CA 核心板上 P8 和 GTA-GECA11CA（RS-232 下载模块）的 P2 相连。

③ 把实验箱内部的左下角小型泡沫垫拿开，里面一共有两个直流电源，分别是 12V 和 24V（在电源上有标注），把 12V 电源插到实验桌的 220V 的电源上，直流侧插到 GTA-GPMA12CA（MCU 核心板）12V 供电插口上。

通过上面的 3 个步骤，单片机基本下载功能的硬件搭建完成。根据实际任务的不同，选取不同的实验模块就行了。编程和下载软件在下面有详细指导。

M2-4

（3）实施步骤

① 将 GTA-GPMA12CA（MCU 核心板）、GTA-GECA11CA（RS-232 下载模块）、GTA-GISO14CA（LED 灯）放到实验箱上盖磁性平台上。

② 将 GTA-GPMA12CA（MCU 核心板）的 P8 接口和 GTA-GECA11CA（RS-232 模块）的 P2 接口相连，RS-232 模块的 S1 拨码开关选择 232 端，将 GTA-GPMA12CA 模块接口 P5 用跳线帽短接。

③ 在上电前，把 MCU 核心板的拨码开关 S1 拨到 ON 挡，利用数字万用表测量电源和地是否短路状态（短路测量方法见视频二维码 M2-5），如果短路，一定不要上电，待排除短路故障后，方可进行下一步。

④ 利用 Keil 编写 C 程序，并生成 .Hex 文件。

Keilμ Vision4 的安装。Keil 的一般使用步骤是先建立工程，然后向工程中加入编写的程序文件（是 .c 后缀的 C 语言文件），进行编译（如发现错

M2-5

误要改正错误），生成 .Hex 烧录文件。下面逐一介绍这些步骤（Keil 操作步骤见视频二维码 M2-6）。

M2-6

a．新建工程。

安装完成后双击桌面图标 ，打开 Keil（注意，要进行 51 单片机的开发，Keil 版本注意选择 KeilC51），打开后的界面如图 2-12 所示。

点击菜单栏上的"Project"→"Newμ VisionProject"，如图 2-13 所示。

图 2-12　Keil 打开界面

图 2-13　新建工程对话框

会弹出下面的保存窗口，如图 2-14 所示，该窗口用于选择保存建立工程的位置及确定建立工程的名字（由于 Keil 工程的文件比较多，建议一个工程建立一个文件夹保存）。具体操作如下图所示：首先在①处选择保存工程的文件夹（就是工程的保存位置），接着在②处填入建立工程的名字，最后点击③处保存完成此窗口的操作。

图 2-14　保存窗口

接着弹出选择 CPU 窗口，如图 2-15 所示的窗口，选择 STC MCU。

确定后，弹出单片机选择的窗口，如图 2-16 所示，我们使用的是 STC12C5A60S2 单片机，因此选择 STC 公司 STC12C5A60S2。

选择 STC12C5A60S2 后点击"OK"按钮，弹出复制 8051 启动代码到工程文件夹并加入工程的窗口如图 2-17 所示，如果打算用汇编语言写程序，则应当选择"否（N）"。如果打算用 C 语言写程序，一般也选择"否（N）"，但是，如果用到了某些增强功能需要初始化配置时，则可以选择"是（Y）"。在这里，我们选择"否（N）"，即不添加启动代码。

至此，工程的建立就完成了，完成后会在左侧的 Project 栏下出现 Target1，界面如图 2-18 所示。

b. 建立程序文件并编译。

只有工程文件是无法完成任何工作的，还需要编写程序文件并把它加入到工程当中才能进行编译生成烧录的 . Hex 文件。

要建立程序文件，可以点击菜单栏上的"File"→"New"或者使用快捷键"Ctrl＋N"，如图 2-19 所示。

完成后在工作区出现 Text1 标签，界面如图 2-20 所示。

然后点击工具栏的保存按钮，如图 2-21 所示。

弹出选择文件保存地址选择和文件命名的对话框，默认位置是工程所在文件夹，一般不要更换，文件名可以命名为与工程同名，我们是用 C 语言编写程序的，因此文件的后缀名一定是 . c。如图 2-22 所示。

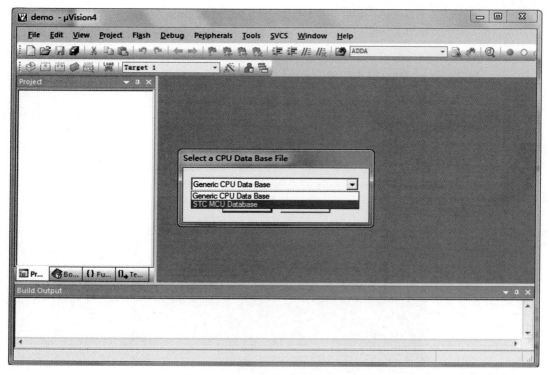

图 2-15　CPU 选择

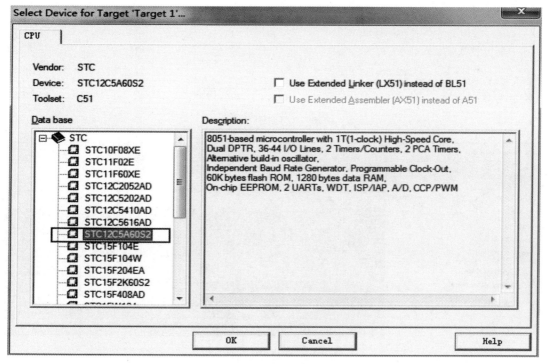

图 2-16　单片机选择

完成后点击保存，此时 Text1 就变为 demo.c。如图 2-23 所示为 demo.c 编程界面。

图 2-17　单片机选择

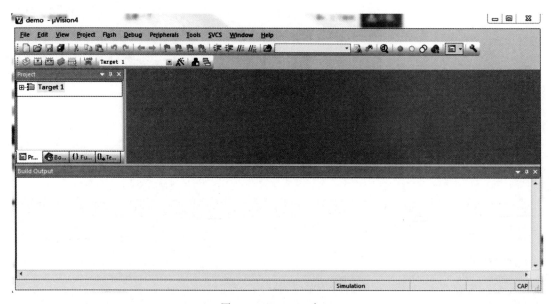

图 2-18　Target1 窗口

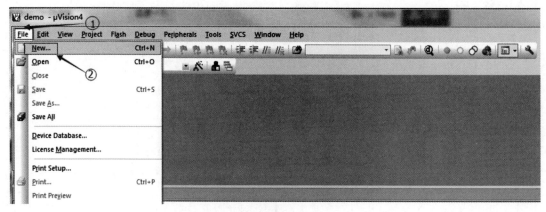

图 2-19　新建程序文件窗口

　　我们就可以在工作区中输入自己的程序代码，编写完成后保存就可以了。这样我们新建文件就完成了。

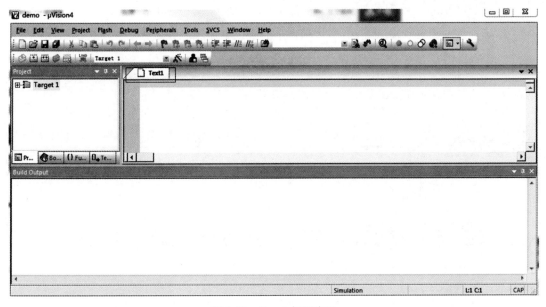

图 2-20 Text1 标签窗口

图 2-21 保存界面

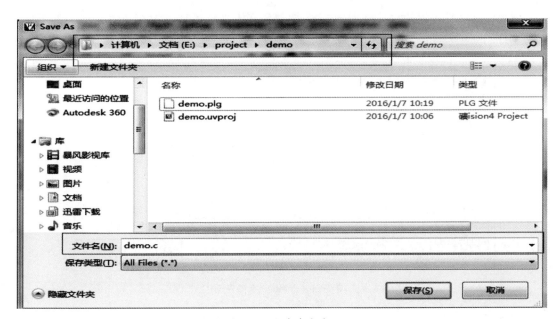

图 2-22 程序命名窗口

c. 向工程中加入文件并进行编译。

只是建立完成程序文件并保存是不够的,此时工程和程序文件虽然在同一个文件夹中,但是彼此是没有关联的,不能进行编译。所以首先要将程序文件放入工程当中去。

点击工程 Project 栏中的 Target1 左侧的 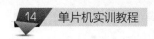，看到 Source Group1 文件夹，在 Source Group1 文件夹上右击，然后在弹出的邮件菜单中选 Add Files to Group 'Source Group 1'... 。

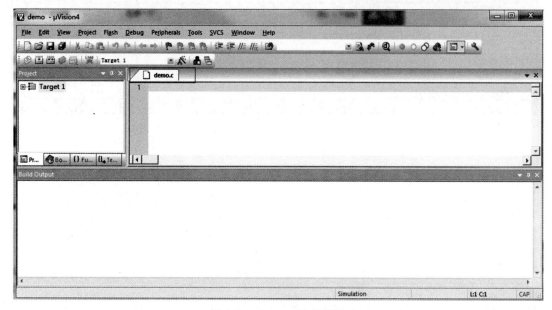

图 2-23　demo.c 编程界面

弹出选择文件位置的对话框如图 2-24 所示：在①处选择文件所在位置，在②处选择对应的文件，点击"Add"按钮，最后点击"Close"按钮，就完成了文件的添加。

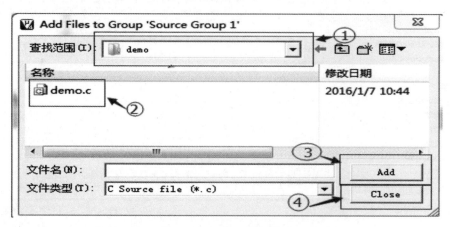

图 2-24　demo.c 添加界面

添加后 Source Group1 左侧变为 田，点开后如图 2-25 所示。

至此，就完成了向工程中添加程序文件的工作，下一步就可以编译工程生成烧录的 .Hex 文件了。

d. 编译工程。

在进行编译之前要先进行编译设置，点击 设置按钮如图 2-26 所示。

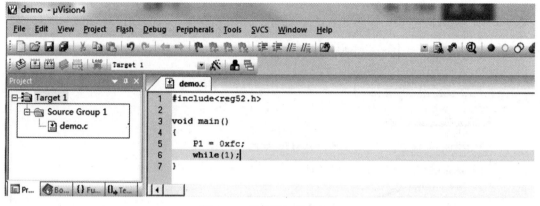

图 2-25　程序添加成功窗口

图 2-26　设置按钮

在弹出的编译设置窗口如图 2-27 所示，首先选择 Target 选项卡（默认选项卡）把

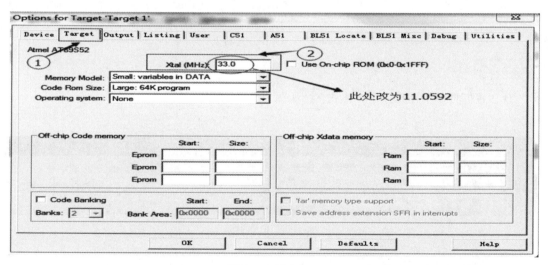

图 2-27　设置界面

Xtal (MHz): 33.0 （晶振频率）设置为 11.0592。

然后选择紧跟着的 Output 选项卡，如图 2-28 所示，在

☐ Create HEX File　HEX Format: HEX-80 ▼ 的小方框里打勾选择（这样才能生成可供烧录的 .Hex 文件）。

其他保持默认。完成之后点击"OK"按钮，编译设置就完成了。

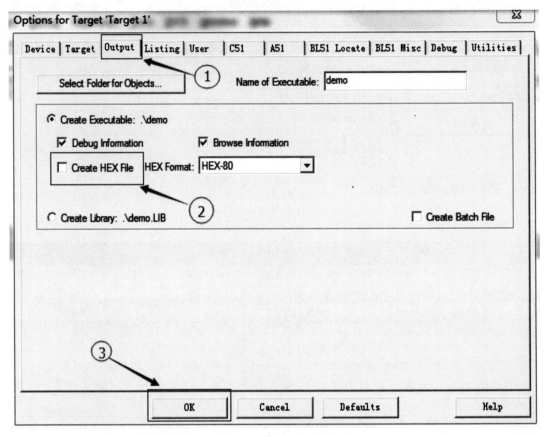

图 2-28　Output 选项卡

现在我们可以编译程序了，点击 ⬇ 如图 2-29 所示。

图 2-29　编译程序

编译完成后如果没有错误，编译输出窗口输出如图 2-30 所示。

如果有错误则类似图 2-31。

需要修改错误才能进行连接生成烧录程序。改正完错误后点击 ▦ 按钮生成可烧录 .Hex 文件。生成的 .Hex 文件默认保存在工程文件夹中。

至此，我们就通过 Keil 完成了新建工程到生成可烧录 .Hex 文件的操作。

利用 P1 口实现 8 个小灯的闪烁来验证最小系统，编写程序：

程序编写思路：P1 清零（8 个灯亮），延时 10ms，P1 置 1（8 个灯灭），延时 10ms，P1

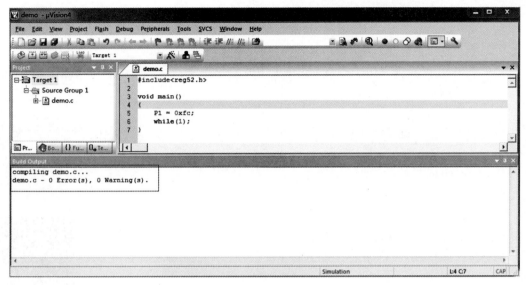

图 2-30　编译无错误界面

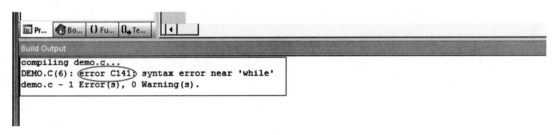

图 2-31　编译有错误界面

清零（8 个灯亮），依次循环，应用 while（1）。

```
＃include＜reg52.h＞//包含头文件，一般情况不需要改动，
                  //头文件包含特殊功能寄存器的定义
void Delay（unsigned int t）；//函数声明
/ * -------------------------------------------------
                        主函数
------------------------------------------------- * /
void main（void）
{
while（1）              //主循环
  {
  LED0＝0；              //将 P1.0 口赋值 0，对外输出低电平
  Delay（10000）；        //调用延时程序；更改延时数字可以更改延时长度
                        //用于改变闪烁频率
  LED0＝1；              //将 P1.0 口赋值 1，对外输出高电平
  Delay（10000）；
                        //主循环中添加其他需要一直工作的程序
  }
```

```
}
/ * ------------------------------------------------
    延时函数，含有输入参数 unsigned int t，无返回值
    unsigned int 是定义无符号整型变量，其值的范围是
    0～65535
    ------------------------------------------------ * /
void Delay（unsigned int t）
{
    while（--t）；
}
```

⑤ 打开 STC-ISP 软件，进行程序下载（下载的是 .Hex 文件，STC-ISP 软件的使用方法见视频二维码 M2-7）。

M2-7

第一步：打开 STC-ISP 软件，找到单片机型号 STC12C5A60S2，如图 2-32 所示。

第二步：选择串口号（自动扫描，不用改动），如图 2-33 所示。

第三步：打开程序文件，选择 .Hex 文件，如图 2-34 所示。

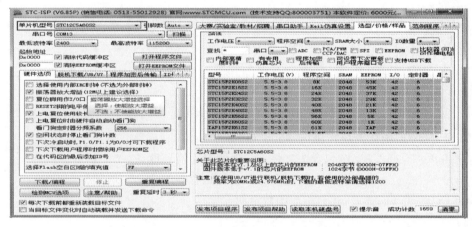

图 2-32　STC-ISP 软件单片机型号选择

第四步：下载，如图 2-35 所示。

此时，窗口显示"正在检测目标单片机"。此时需要拨动 MCU 核心板的 S1 开关，进行断电和上电操作后，程序才能下载到单片机中。

⑥ 程序下载后，MCU 核心板的 S1 拨到 OFF，进行接口连接。将 MCU 核心板的 P13 接口和 LED 灯的 P1 接口相连。LED 灯 S1 拨到 Flash Led。

单片机（GTA-GPMA12CA）LED 灯（GTA-GISO14CA）

P13（P1）------------------------------------P1

⑦ 将 MCU 核心板的 S1 拨到 ON 给单片机上电。

⑧ 观察实验现象，在实验结束后进行总结记录。

8 个 LED 小灯闪烁，调整程序的延时时间，小灯闪烁的快慢变化。

⑨ 将 MCU 核心板的 S1 拨到 OFF，关闭板路电源。

⑩ 关机并清扫卫生。

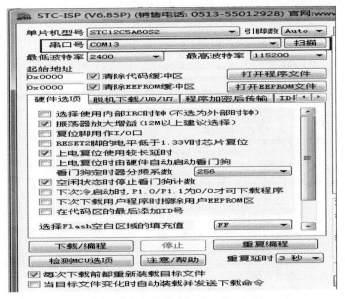

图 2-33 STC-ISP 软件串口选择

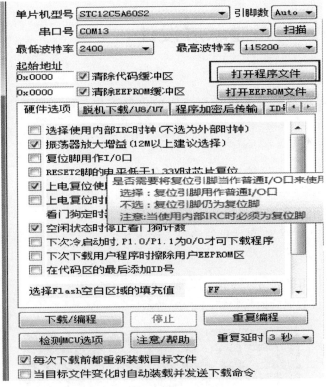

图 2-34 STC-ISP 软件打开工程界面

【问题讨论】<<<←

试编写"8 个 LED 灯交替亮灭"的程序。

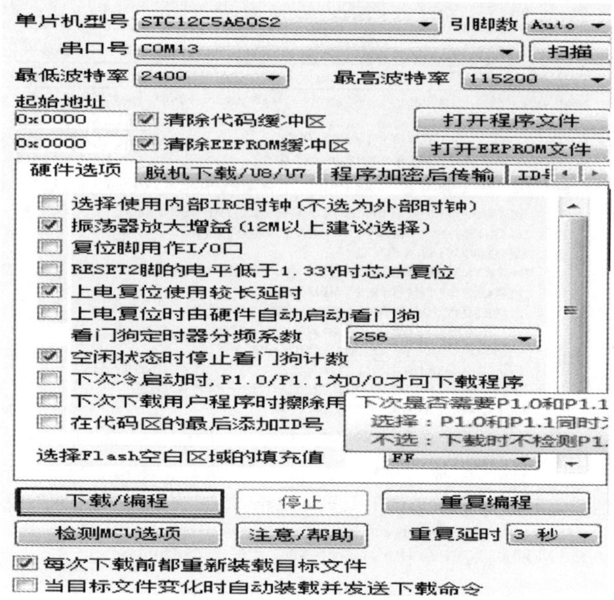

图 2-35　STC-ISP 软件下载

2.2　数码管动态显示屏设计

【任务描述】 ◄◄◄——

完成 8 个共阳极数码管和单片机之间的电路连接、程序编制。实现 8 个数码管显示1～7。

【任务目标】 ◄◄◄——

◇ 掌握 STC12C5A60S2 单片机的 I/O 口的使用方法。

◇ 掌握四位一体共阳极数码管的原理及电路连接方法。

◇ 掌握四位一体共阳极数码管的动态显示编程方法。

◇ 学习 STC12C5A60S2 单片机的编程、程序下载。

【相关知识】 ◄◄◄——

(1) 四位一体共阳极数码管的显示原理

四位一体共阳极数码管的实物如图 2-36 所示。

图 2-36　四位一体共阳极数码管

数码管是单片机系统中经常用到的显示器件，从内部结构上可以分为共阴极和共阳极数码管。对不同的数码管，电路的接法也不一样。以共阳极型数码为例加以说明，如图 2-37

所示。

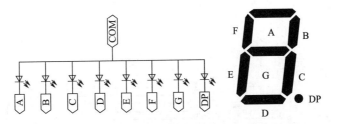

图 2-37　数码管内部示意图

在数码管设计电路时，需要知道数码管每个引脚对应的含义，A～DP 段和公共端不是按照顺序排列的，可以利用万用表来测量（数码管引脚测量方法见视频二维码 M2-8）。

M2-8

如果是一个数码管，共阳极数码管只要是公共端接 VCC，A～DP 段接单片机的 I/O 口，单片机送到数码管中相应的段码，就可以显示相应的数字和字母。

则对应的段码如表 2-1 所示。

表 2-1　数码管段码表

显示的字符	共阴极型编码	共阳极型编码	显示的字符	共阴极型编码	共阳极型编码
0	3Fh	C0h	5	6Dh	92h
1	06h	F9h	6	7Dh	82h
2	5Bh	A4h	7	07h	F8h
3	4Fh	B0h	8	7Fh	80h
4	66h	99h	9	6Fh	90h

74HC138 芯片是译码芯片，控制数码管位码，其中输入是 A2、A1、A0 的顺序，输出是 Y0～Y7 的顺序。数码管位码控制原理见二维码视频 M2-9。

真值表如图 2-38 所示。

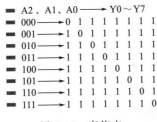

M2-9

图 2-38　真值表

（2）数码管动态显示原理

数码管动态显示就是一位一位地轮流点亮各位数码管，对于每一位 LED 数码管来说，每隔一段时间点亮一次，利用人眼的"视觉暂留"效应，采用循环扫描的方式，分时轮流选通各数码管的公共端，使数码管轮流导通显示。当扫描速度达到一定程度时，人眼就分辨不出来了。尽管实际上各位数码管并非同时点亮，但只要扫描的速度足够快，给人的印象就是一组稳定的显示数据，认为各数码管是同时发光的。数码管的位数不大于 8 个时，只需一个 8 位 I/O 口。

（3）电路原理图

如图 2-39 所示。

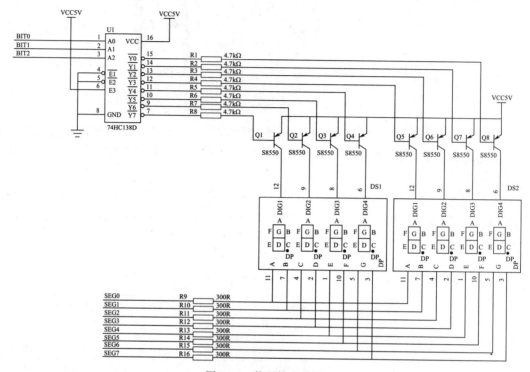

图 2-39　数码管电路图

【任务实施】‹‹‹──

（1）需要实验设备和软件

① 实验设备

a. GTA-GPMA12CA（MCU 核心板），见 2.1 节中图 2-4。

b. GTA-GECA11CA（RS-232 下载板），见 2.1 节中图 2-5。

c. 10PIN 排线，见 2.1 节中图 2-7。

d. 12V 稳压电源，见 2.1 节中图 2-8。

e. UT61E 万用表，见 2.1 节中图 2-9。

f. GTA-GDSO11CA（数码管模块），如图 2-40 所示。

② 软件：Keil 程序编写和 STC-ISP 程序下载软件

a. Keil 程序编写软件，见 2.1 节中图 2-10。

b. STC-ISP 程序下载软件，见 2.1 节中图 2-11。

（2）实施步骤

① 将 GTA-GPMA12CA（MCU 核心板）、GTA-GECA11CA（RS-232 下载模块）、GTA-GDSO11CA（数码管模块）放到实验箱上盖磁性平台上。

② 将 GTA-GPMA12CA（MCU 核心板）的 P8 接口和 GTA-GECA11CA（RS-232 模块）的 P2 接口相连，RS-232 模块的 S1 拨码开关选择 232 端，将 GTA-GPMA12CA 模块接口 P5 用跳线帽短接。

图 2-40　GTA-GDSO 11CA（数码管模块）

③ 在上电前，把 MCU 核心板的拨码开关 S1 拨到 ON 挡，利用数字万用表测量电源和地是否短路状态（测量方法见第 2.2 节），如果短路，一定不要上电，待排除短路故障后，方可进行下一步。

④ 利用 Keil 编写 C 程序，并生成.Hex 文件。

Keil 的一般使用步骤是先建立工程，然后向工程中加入编写的程序文件（是.c 后缀的 C 语言文件），进行编译（如发现错误要改正错误），生成.Hex 烧录文件（具体步骤操作参见第 2.1 节）。

编程思路：就是在 while（1）中，从左到右依次点亮数码管，送入 1～7 的段码，动态扫描，因为速度快，使人眼看到的是稳定的 1～7。

实验程序如下：

M2-10

```
/* 编译环境:KeilμVision4
硬件环境:GTA-GPMA12CA(核心板)+GTA-GISO11CA(数码管模块)*/
#include"REG52.h"    //头文件    调用 REG52.H 头文件的作用见视频二维码 M2-10
#define uint unsigned int
#define uchar unsigned char
//定义全局变量——延时时间
Uint DelayTime=0;
uchar code DisplayCode[10] = {0xc0,0xf9,0xa4,0xb0,0x99,0x92,
0x82,0xf8,0x80,0x90};// 共//阳 0～9
uchar code DisplayContrl[8] = {0x00,0x01,0x02,0x03,0x04,0x05,0x06,0x07};//数码管位选
uchar delay_ms(uchar TimeCycle)
{
    uchar j;
    for(j=0;j<TimeCycle;j++);
}
void main()                    //主函数
{
    uchar i;
    P2 = 0xff;
    P0 = 0xff;
    while(1){
        for(i = 0;i < 8; i++){
            P0 = DisplayCode[i]; //位选
            P2 = DisplayContrl[i]; //段选
            delay_ms(500);
        }
```

```
        }
    }
```

⑤ 打开 STC-ISP 软件，选择单片机型号 STC12C5A60S2，选择串口号，打开程序文件
→选择 .Hex 文件→点击下载/编程，窗口显示"正在检测目标单片机"，此时需要拨动
MCU 核心板的 S1 开关，进行断电和上电操作后，程序才能下载到单片机中。

⑥ 程序下载后，MCU 核心板的 S1 拨到 OFF，进行接口连接。将 MCU 核心板的 P10
接口和数码管模块的 P1 接口相连，MCU 核心板的 P16 接口和数码管模块的 P2 接口相连。

单片机（GTA-GPMA12CA）数码管（GTA-GDSO11CA）

P16（P2）----------------------------------P2

P10（P0）----------------------------------P1

⑦ 将 MCU 核心板的 S1 拨到 ON 给单片机上电。

⑧ 观察实验现象，在实验结束后进行总结记录。

8 个数码管依次分别显示 0～7。

⑨ 将 MCU 核心板的 S1 拨到 OFF，关闭板路电源。

⑩ 关机并清扫卫生。

【问题讨论】 ◂◂◂—

请同学们自己改变程序，显示 7～0。

2.3　蜂鸣器报警系统设计

【任务描述】 ◂◂◂—

① 完成蜂鸣器 0.5s 响一次进行报警。

② 试完成硬件电路图设计及程序的编写与调试。

【实训目的】 ◂◂◂—

◇ 掌握 STC12C5A60S2 单片机的 I/O 口的使用方法。

◇ 掌握蜂鸣器的工作原理。

◇ 学习 STC12C5A60S2 单片机的编程、程序下载。

【相关知识】 ◂◂◂—

① 蜂鸣器控制原理（蜂鸣器控制方法详见视频二维码 M2-11）。

② 蜂鸣器控制电路原理图如图 2-41 所示。当控制端输入高电平时，三极管导通蜂鸣器
得电，否则蜂鸣器失电。

【任务实施】 ◂◂◂—

（1）需要实验设备和软件

① 实验设备

• GTA-GPMA12CA（MCU 核心板），见 2.1 节中图 2-4。

• GTA-GECA11CA（RS-232 下载板），见 2.1 节中图 2-5。

• 10PIN 排线，见 2.1 节中图 2-7。

• 12V 稳压电源，见 2.1 节中图 2-8。

M2-11

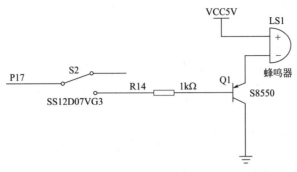

图 2-41 蜂鸣器原理图

- UT61E 万用表，见 2.1 节中图 2-9。

② 软件：Keil 程序编写和 STC-ISP 程序下载软件

- Keil 程序编写软件，见 2.1 节中图 2-10。
- STC-ISP 程序下载软件，见 2.1 节中图 2-11。

（2）实施步骤

① 将 GTA-GPMA12CA（MCU 核心板）、GTA-GECA11CA（RS-232 下载模块）放到实验台。

② 将 GTA-GPMA12CA（MCU 核心板）的 P8 接口和 GTA-GECA11CA（RS-232 模块）的 P2 接口相连，RS-232 模块的 S1 拨码开关选择 232 端，将 GTA-GPMA12CA 模块接口 P5 用跳线帽短接。

③ 在上电前，把 MCU 核心板的拨码开关 S1 拨到 ON 挡，利用数字万用表测量电源和地是否短路状态（测量方法见 2.1 节），如果短路，一定不要上电，待排除短路故障后，方可进行下一步。

④ 利用 Keil 编写 C 程序，并生成 .Hex 文件。

Keil 的一般使用步骤是先建立工程，然后向工程中加入编写的程序文件（是 .c 后缀的 C 语言文件），进行编译（如发现错误要改正错误），生成 .Hex 烧录文件。具体步骤操作参见 2.1 节。

实验程序如下：

```
/ * * * * * * * * * * * * * * * * * * * * * * * * * * * * * * * * * * *
* /
#includeʳreg52. hʳ//51 系列头文件
#define uchar unsigned char
#define uint unsigned int
sbit FM = P1^7;          //蜂鸣器定义    sbit 语句的使用方法见视频二维码 M2-12
void delay_ms(uint ms) //延时函数    单片机引脚位定义的注意事项见视频二维码 M2-13
```

M2-12

M2-13

{

```
        uint i,j;
        for(i=ms;i>0;i--)
            for(j=950;j>0;j--);
    }
    void main(void)
    {
        while(1)
        {
            FM=0;//蜂鸣器响
            delay_ms(500);
            FM=1;//蜂鸣器关
            delay_ms(500);
        }
    }
```

⑤ 打开 STC-ISP 软件，选择单片机型号 STC12C5A60S2，选择串口号，打开程序文件
→选择 .Hex 文件→点击下载/编程，窗口显示"正在检测目标单片机"，此时需要拨动
MCU 核心板的 S1 开关，进行断电和上电操作后，程序才能下载到单片机中。

⑥ 程序下载后，MCU 核心板的 S1 拨到 OFF，进行接口连接。将 MCU 模块 S2 拨
到 ON。

⑦ 将 MCU 核心板的 S1 拨到 ON 给单片机上电。

⑧ 观察实验现象，在实验结束后进行总结记录。

蜂鸣器每隔 0.5s 响一次。

⑨ 将 MCU 核心板的 S1 拨到 OFF，关闭板路电源。

⑩ 关机并清扫卫生。

【问题讨论】<<<←

请同学们设计一个 1s 响一次的程序。

2.4 独立按键系统设计（外部中断）

【任务描述】<<<←

完成利用单片机的外部中断实现按键控制 LED 灯亮灭。

【实训目的】<<<←

◇ 掌握外部中断的使用方法。

◇ 掌握外部中断的编程方法。

◇ 学习 STC12C5A60S2 单片机的编程、程序下载。

【相关知识】<<<←

（1）外部中断

① P3.2 引脚功能 INT0：外部中断 0。

② P3.3 引脚功能 INT1：外部中断 1。

本实验采用外部中断 1。

P3.0～P3.7 为 P3 口的 8 位双向口线，第一功能为基本输入/输出；各脚第二功能见表 2-2。

表 2-2　P3 口引脚功能介绍

口线	第二功能	信号名称	口线	第二功能	信号名称
P3.0	RXD	串行数据接收	P3.4	T0	定时器/计数器 0 计数输入
P3.1	TXD	串行数据发送	P3.5	T1	定时器/计数器 1 计数输入
P3.2	INT0	外部中断 0 申请	P3.6	WR	外部 RAM 写选通
P3.3	INT1	外部中断 1 申请	P3.7	RD	外部 RAM 读选通

外部中断设置的寄存器有：

① 外部中断的触发方式有两种：低电平和下降沿触发。对应的寄存器是中断请求寄存器 TCON，地址为 88H，如表 2-3 所示。

表 2-3　中断请求寄存器

位地址	8FH	8EH	8DH	8CH	8BH	8AH	89H	88H
位符号	TF1	TR1	TF0	TR0	IE1	IT1	IE0	IT0

外部中断使用外部中断时，需设置 IT0 和 IT1。

IT0：外部中断 0 的触发方式标志位，IT0＝1，下降沿有效；IT0＝0，低电平有效。

IT1：外部中断 1 的触发方式标志位，IT1＝1，下降沿有效；IT1＝0，低电平有效。

② 中断的允许寄存器 IE，如表 2-4 所示。

表 2-4　中断允许寄存器

位地址	AFH	AEH	ADH	ACH	ABH	AAH	A9H	A8H
位符号	EA	/	/	ES	ET1	EX1	ET0	EX0

EA：中断允许总控制位。EA＝1，开总中断；EA＝0，禁止所有中断。

EX0：外部中断 0 的允许控制位。EX0＝1，允许外部中断 0；EX0＝0，禁止外部中断 0。

EX1：外部中断 1 的允许控制位。EX1＝1，允许外部中断 1；EX1＝0，禁止外部中断 1。

ET0：T0 中断的允许控制位。ET0＝1，允许 T0 中断；ET0＝0，禁止 T0 中断。

ET1：T1 中断的允许控制位。ET1＝1，允许 T1 中断；EX1＝0，禁止 T1 中断。

ES：串行口中断允许控制位。ES＝1，允许串行口中断；ES＝0，禁止串行口中断。

（2）外部中断 1 的初始化函数

```
void INT1()
{
INT1=1;
IE=0X84;
}
```

（3）外部中断 1 的服务函数构架

STC12C5A60S2 单片机常用的中断源、中断入口地址及中断号如下：

中断源	中断入口地址	中断号
外部中断 0	0003H	0
定时器 T0	000BH	1
外部中断 1	0013H	2
定时器 T1	001BH	3
串行口中断	0023H	4
ADC 中断	002BH	5

在 Keil 中，对各中断服务函数进行编程时，在函数名后加 interrupt 对应的中断号（中断服务函数的编程格式详见视频二维码 M2-14）。

void INT1 _ SER（）interrput 2
{
}

M2-14

（4）实验原理图

如图 2-42 所示。

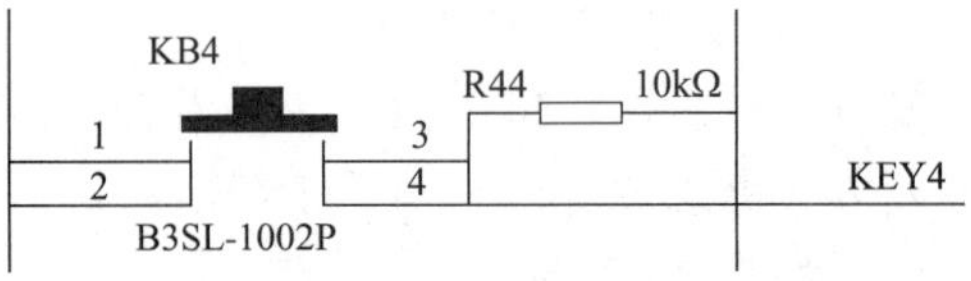

图 2-42　按键原理图

KEY4 需要连接 P3.3 口（外部中断 1 引脚）。

【任务实施】 ‹‹‹——

（1）需要实验设备和软件

① 实验设备

- GTA-GPMA12CA（MCU 核心板），见 2.1 节中图 2-4。
- GTA-GECA11CA（RS-232 下载板），见 2.1 节中图 2-5。
- 10PIN 排线，见 2.1 节中图 2-7。
- 12V 稳压电源，见 2.1 节中图 2-8。
- UT61E 万用表，见 2.1 节中图 2-9。
- GTA-GISO14CA（LED 灯、独立按键模块），如图 2-43 所示。

② 软件：Keil 程序编写和 STC-ISP 程序下载软件

- Keil 程序编写软件，见 2.1 节中图 2-10。
- STC-ISP 程序下载软件，见 2.1 节中图 2-11。

（2）实施步骤

① 将 GTA-GPMA12CA（MCU 核心板）、GTA-GECA11CA（RS-232 下载模块）、GTA-GISO14CA（LED 灯、独立按键模块）放到实验箱上盖磁性平台上。

② 将 GTA-GPMA12CA（MCU 核心板）的 P8 接口和 GTA-GECA11CA（RS-232 模块）的 P2 接口相连，RS-232 模块的 S1 拨码开关选择 232 端，将 GTA-GPMA12CA 模块接口 P5 用跳线帽短接。

图 2-43　GTA-GISO14CA（LED 灯、独立按键模块）

③ 在上电前，把 MCU 核心板的拨码开关 S1 拨到 ON 挡，利用数字万用表测量电源和地是否短路状态（测量方法见 2.1 节），如果短路，一定不要上电，待排除短路故障后，方可进行下一步。

④ 利用 Keil 编写 C 程序，并生成 . Hex 文件。

Keil 的一般使用步骤是先建立工程，然后向工程中加入编写的程序文件（是 . c 后缀的 C 语言文件），进行编译（如发现错误要改正错误），生成 . Hex 烧录文件。具体步骤操作参见 2.1 节。

实验程序如下：

```
#include "STC12C5A60S2. h"
/* * * * * * * * * * * * * * * * * * * * * * * * * * * * * * * * * * * *
函数功能：主函数
 * * * * * * * * * * * * * * * * * * * * * * * * * * * * * * * * * * * */
void main(void)
{
    EA=1;        //开启总中断
    EX1=1;       //开启外部中断 1
    INT1=1;      //开启中断 1
    P0=0xff;
    while(1);//无限循环,防止程序跑飞    while(1)使用方法见视频二
维码 M2-15
}
/* * * * * * * * * * * * * * * * * * * * * * * * * * * * * * * * * * *
函数功能：外部中断 INT0 的中断服务程序
 * * * * * * * * * * * * * * * * * * * * * * * * * * * * * * * * * */
void int1_ SER() interrupt 2
```

M2-15

```
{
    P0＝～P0；//指示灯反相,可以看到闪烁。"～"按位取反运算符
}
```

⑤ 打开 STC-ISP 软件,选择单片机型号 STC12C5A60S2,选择串口号,打开程序文件→选择.Hex 文件→点击下载/编程,窗口显示"正在检测目标单片机",此时需要拨动 MCU 核心板的 S1 开关,进行断电和上电操作后,程序才能下载到单片机中。

⑥ 程序下载后,MCU 核心板的 S1 拨到 OFF,进行接口连接。将 MCU 核心板的 P12 接口和独立按键模块的 P2 接口相连,MCU 核心板的 P10 接口和 LED 灯模块的 P1 接口相连。

单片机(GTA-GPMA12CA)　LED 灯＋独立按键(GTA-GISO14CA)

P8(P3)--P2

P10(P0)-------------------　--------------------------P1

⑦ 将 MCU 核心板的 S1 拨到 ON 给单片机上电。

⑧ 观察实验现象,在实验结束后进行总结记录。

P3.3 引脚为外部中断 INT1。

用外部中断 1 的中断方式控制 8 位 LED 亮灭状态,即按下 KB4 键时,8 位 LED 点亮,再次按下 KB4 时,8 位 LED 熄灭。

蜂鸣器每隔 0.5s 响一次。

⑨ 将 MCU 核心板的 S1 拨到 OFF,关闭板路电源。

⑩ 关机并清扫卫生。

【问题讨论】‹‹—

请同学们设计一个利用外部中断 0 来实现按键功能的程序。

2.5　方波信号发生器系统设计

【任务描述】‹‹—

完成利用定时器定时中断,在 P1.0 口产生 50Hz 的方波,使用示波器观察方波结果,可以看到指示灯闪烁。

【实训目的】‹‹—

◇ 掌握定时器定时时间的计算方法。

◇ 掌握定时器定时中断的编程方法。

◇ 学习 STC12C5A60S2 单片机的编程、程序下载。

【相关知识】‹‹—

单片机中有两个 16 位的定时/计数器,4 种工作方式。

(1)特殊功能寄存器

通过设置定时器涉及的特殊功能寄存器可以达到定时器定时中断的结果。以下是涉及到的特殊功能寄存器:

① 工作方式寄存器 TMOD　工作方式寄存器 TMOD 用于设置定时/计数器的工作方式,低 4 位用于 T0,高 4 位用于 T1。其格式见表 2-5。

表 2-5 工作方式寄存器 TMOD

位	7	6	5	4	3	2	1	0	
字节地址:89H	GATE	C/$\overline{\text{T}}$	M1	M0	GATE	C/$\overline{\text{T}}$	M1	M0	TMOD

GATE：门控位。GATE＝0时，只要用软件使TCON中的TR0或TR1为1，就可以启动定时/计数器工作；GATA＝1时，要用软件使TR0或TR1为1，同时外部中断引脚或也为高电平时，才能启动定时/计数器工作。即此时定时器的启动条件，加上了或引脚为高电平这一条件。

C/T：定时/计数模式选择位。C/T＝0为定时模式；C/T＝1为计数模式。

M1M0：工作方式设置位。定时/计数器有四种工作方式，由M1M0进行设置。如表2-6所示。

表 2-6 工作方式选择

M1M0	工作方式	说明
00	方式0	13位定时/计数器
01	方式1	16位定时/计数器
10	方式2	8位自动重装定时/计数器
11	方式3	T0分成两个独立的8位定时/计数器；T1此方式停止计数

② 控制寄存器TCON TCON的低4位用于控制外部中断，详见第2.3节。TCON的高4位用于控制定时/计数器的启动和中断申请。其格式见表2-7。

表 2-7 控制寄存器 TCON

位	7	6	5	4	3	2	1	0	
字节地址:88H	TF1	TR1	TF0	TR0					TCON

TF1（TCON.7）：T1溢出中断请求标志位。T1计数溢出时由硬件自动置TF1为1。CPU响应中断后TF1由硬件自动清0。T1工作时，CPU可随时查询TF1的状态。所以TF1可用作查询测试的标志。TF1也可以用软件置1或清0，同硬件置1或清0的效果一样。

TR1（TCON.6）：T1运行控制位。TR1置1时，T1开始工作；TR1置0时，T1停止工作。TR1由软件置1或清0。所以，用软件可控制定时/计数器的启动与停止。

TF0（TCON.5）：T0溢出中断请求标志位，其功能与TF1类同。

TR0（TCON.4）：T0运行控制位，其功能与TR1类同。

③ 中断允许寄存器IE（详见2.3节） 本实验中需要设置的是EA和ET0，都设置为1，开总中断和定时器中断。

④ 初值寄存器 T0对应的是TH0和TL0，T1对应的是TH1和TL1。

初值决定了定时时间的长短。

（2）初值的计算

以本任务为例，系统为12MHz晶振，T0设置在方式一，在P1.0口产生50Hz的方波，波形周期为0.02s，定时时间就应该是0.01s，计算初值的公式为：

$$定时时间＝（65536－初值）\times 单片机的机器周期$$

$$机器周期＝1/(12×10^6)×12$$

算出初值＝55536，化成十六进制为：0XD8F0。

所以 TH0＝0XD8，TL0＝0XF0。

（3）定时器定时编程知识

T0 定时中断，设定初值，当定时时间到后，产生中断。

① 设置寄存器。

TMOD＝0X01；	//方式寄存器设置,16 位的实时器	
TL0＝0XF0；	//初值设置	
TH0＝0XD8；		
EA＝0X82；	//中断使能	
TR0＝1；	//开定时器中断	

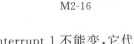

M2-16

② 定时器中断服务函数的写法（详见视频二维码 M2-16）。

```
void timer0() interrupt　1    //函数名 timer0()可以任意起名,interrupt 1 不能变,它代
                             //表了定时器 0 的中断地址
{
    TH0＝0XD8；                //在中断函数里必须重新设置
    TL0＝0XF0；
}
```

【任务实施】 ‹‹←——

（1）需要实验设备和软件

① 实验设备

- GTA-GPMA12CA（MCU 核心板），见 2.1 节中图 2-4。
- GTA-GECA11CA（RS-232 下载板），见 2.1 节中图 2-5。
- 10PIN 排线，见 2.1 节中图 2-7。
- 12V 稳压电源，见 2.1 节中图 2-8。
- UT61E 万用表，见 2.1 节中图 2-9。
- GTA-GISO14CA（LED 灯、独立按键模块），见图 2-44。
- 数字示波器，见图 2-45。

② 软件：Keil 程序编写和 STC-ISP 程序下载软件

- Keil 程序编写软件，见 2.1 节中图 2-10。
- STC-ISP 程序下载软件，见 2.1 节中图 2-11。

（2）实施步骤

① 将 GTA-GPMA12CA（MCU 核心板）、GTA-GECA11CA（RS-232 下载模块）、GTA-GISO14CA（LED 灯模块）放到实验箱上盖磁性平台上。

② 将 GTA-GPMA12CA（MCU 核心板）的 P8 接口和 GTA-GECA11CA（RS-232 模块）的 P2 接口相连，RS-232 模块的 S1 拨码开关选择 232 端，将 GTA-GPMA12CA 模块接口 P5 用跳线帽短接。

③ 在上电前，把 MCU 核心板的拨码开关 S1 拨到 ON 挡，利用数字万用表测量电源和地是否短路状态（测量方法见第 2.1 节），如果短路，一定不要上电，待排除短路故障后，方可进行下一步。

图 2-44　GTA-GISO14CA（LED 灯、独立按键模块）

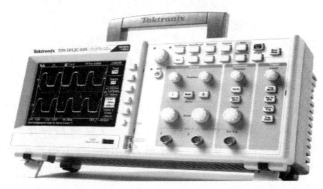

图 2-45　数字示波器

④ 利用 Keil 编写 C 程序，并生成 .Hex 文件。

Keil 的一般使用步骤是先建立工程，然后向工程中加入编写的程序文件（是 .c 后缀的 C 语言文件），进行编译（如发现错误要改正错误），生成 .Hex 烧录文件。具体步骤操作参见 2.1 节。

实验程序：定时器定时中断利用 Keil Vision4 软件进行模拟调试（调试方法详见视频二维码 M2-17）。

M2-17

```c
#include "STC12C5A60S2.h"

#define uchar unsigned char     //定义 unsigned char 为 uchar

#define uint unsigned int       //定义 unsigned int 为 uint

sbit B0=P1^0;                   //将 P1^0 口定义为 led,方便程序编写

//配置定时器 0,配置的模式是定时器 0 采用 16 位计数器模式,同时允许定时器 0

void Init_time0(void)

{
    TMOD = 0x01;        //工作方式寄存器 TMOD 的设置方法见视频二维码 M2-18
    TH0=0XD8;
    TL0=0XF0;           //定时器 0 的,写入数值寄存器的低 8 位
```

```
    EA=1;              //总中断打开
    ET0=1;             //定时器 T0 允许中断
    TR0=1;             //定时器 T0 开始工作
}
//实现定时器 0 中断,且通过名为 D1 的发光二极管展现出来
void main()
{
    Init_time0();      //初始化定时器 0
    while(1);
}
//重新给寄存器 TH0 和 TL0 赋值,并且让开发板上的名为 D1 的发光二极管,每次按一
//个频率闪烁
void Interrupt_handler_time0(void) interrupt 1
{
    TH0=0XD8;          //重新赋值
    TL0=0XF0;
    BO=~BO;            //反相,产生方波,使灯闪烁。"~"按位取反运算符
}
```

M2-18

⑤ 打开 STC-ISP 软件,选择单片机型号 STC12C5A60S2,选择串口号,打开程序文件 →选择 .Hex 文件→点击下载/编程,窗口显示"正在检测目标单片机",此时需要拨动 MCU 核心板的 S1 开关,进行断电和上电操作后,程序才能下载到单片机中。

⑥ 程序下载后,MCU 核心板的 S1 拨到 OFF,进行接口连接。将 MCU 核心板的 P13 接口和 LED 灯模块的 P1 接口相连。

单片机(GTA-GPMA12CA)　LED 灯(GTA-GISO14CA)

P13(P1)------------------------------------P1

⑦ 将 MCU 核心板的 S1 拨到 ON 给单片机上电。

⑧ 观察实验现象,在实验结束后进行总结记录。

利用示波器(使用方法见视频二维码 M2-19)观看 P1.0 口输出的波形,算出方波的频率。

⑨ 将 MCU 核心板的 S1 拨到 OFF,关闭板路电源。

⑩ 关机并清扫卫生。

M2-19

【问题讨论】◀◀—

请同学们设计一个利用 T1 来实现方波程序。

2.6　外部脉冲计数系统设计

【任务描述】◀◀—

完成利用按键按下模拟输入脉冲信号,计数器对脉冲个数计数,在数码管中显示。计数器的清零利用外部中断 0 来实现。

【实训目的】«<—

◇ 掌握单片机内部计数器操作方法。

◇ 掌握计数器的编程方法。

◇ 学习 STC12C5A60S2 单片机的编程、程序下载。

【相关知识】«<—

单片机中有两个 16 位的定时/计数器,4 种工作方式。

(1) 特殊功能寄存器

通过设置定时器涉及的特殊功能寄存器可以达到定时器定时中断的结果。以下是涉及到的特殊功能寄存器:

① 工作方式寄存器 TMOD (详见 2.5 节)。

② 控制寄存器 TCON (详见 2.5 节)。

③ 中断允许寄存器 IE (详见 2.3 节)。

本实验中需要设置的是 EA 和 ET0,都设置为 1,开总中断和定时器中断。

④ 计数初值寄存器。

T0 对应的是 TH0 和 TL0,T1 对应的是 TH1 和 TL1。

初值里放入计数个数。注意:计数器的初值为 1,实际计数从 0 开始计数。

(2) 计数器编程知识

计数器在 P3.4 (T0) 口有脉冲时,产生计数中断

① 设置寄存器。

TMOD=0X06;　　　　　　　　//计数器 T0 方式 2

TH0=TL0=256-1;　　　//计数值为 1

EA=1;　　　　　　　　//允许 CPU 中断

ET0=1;　　　　　　//允许 T0 中断

本实验是利用外部中断按键控制,只用计数器时,不用设置以下两条命令。

EX0=1;　　　　　//允许 INT0 中断(这里用到,不用时可以不设置)

IT0=1;　　　　　//INT0 中断触发方式为下降沿触发(这里用到,不用时可以不设置)

IP=0X02;　　　//设置优先级,T0 高于 INT0

TR0=1;　　　　　　//相当于 TCON=0X10 开定时器中断

　　　　　　　　//TCON 的设置方法详见二维码 M2-20

② 定时中断服务函数的写法。

void timer0() interrupt　1　　//函数名 timer0()可以任意起名,

　　　　　　　　interrupt 1 不能变,它代

　　　　　　　//表了定时器 0 的中断地址

{

}

M2-20

(3) 本实验的电路图

① 数码管电路如图 2-46 所示。

② 独立按键电路如图 2-47 所示。

这里用到了 KB3 和 KB5，KB5（P3.4）按键每次按下，都会产生负跳变触发 T0 中断，实现计数值累加。计数器的清零用 KB3（外部中断 0）来控制。

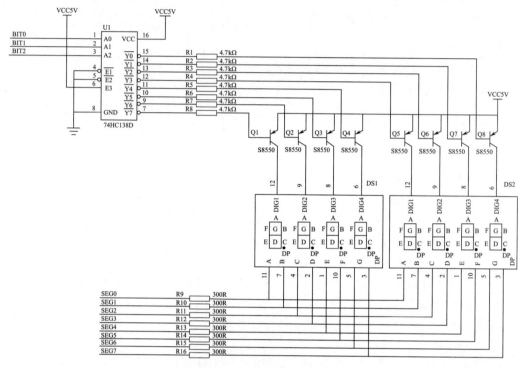

图 2-46　数码管显示原理图

【任务实施】 ‹‹‹——

（1）需要实验设备和软件

① 实验设备

- GTA-GPMA12CA（MCU 核心板），见 2.1 节中图 2-4。
- GTA-GECA11CA（RS-232 下载板），见 2.1 节中图 2-5。
- 10PIN 排线，见 2.1 节中图 2-7。
- 12V 稳压电源，见 2.1 节中图 2-8。
- UT61E 万用表，见 2.1 节中图 2-9。
- GTA-GISO14CA（LED 灯、独立按键模块），见 2.5 节中图 2-44。
- GTA-GDSO11CA（数码管），见 2.2 节中图 2-40。

② 软件：Keil 程序编写和 STC-ISP 程序下载软件

- Keil 程序编写软件（见 2.1 节中图 2-10）。
- STC-ISP 程序下载软件见（见 2.1 节中图 2-11）。

（2）实施步骤

① 将 GTA-GPMA12CA（MCU 核心板）、GTA-GECA11CA（RS-232 下载模块）、GTA-GISO14CA（独立按键模块）、GTA-GDSO11CA（数码管）放到实验箱上盖磁性平台上。

② 将 GTA-GPMA12CA（MCU 核心板）的 P8 接口和 GTA-GECA11CA（RS-232 模块）的 P2 接口相连，RS-232 模块的 S1 拨码开关选择 232 端，将 GTA-GPMA12CA 模块接口 P5 用跳线帽短接。

③ 在上电前（MCU 核心板的拨码开关 S1 置于 OFF 挡），利用数字万用表测量电源和地是否短路状态（测量方法见 2.1 节），如果短路，一定不要上电，待排除短路故障后，方可进行下一步。

④ 利用 Keil 编写 C 程序，并生成 .Hex 文件。

Keil 的一般使用步骤是先建立工程，然后向工程中加入编写的程序文件（是 .c 后缀的 C 语言文件），进行编译（如发现错误要改正错误），生成 .Hex 烧录文件。具体步骤操作参见 2.1 节。

实验程序：

＃include"STC12C5A60S2. h"

/＊编译环境：Keil μVision4

硬件环境：GTA-GPMA12CA（核心板）＋GTA-GISO14CA（独立按键）＋GTA-GDSO11CA（数码管）＊/

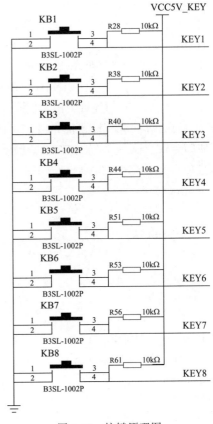

图 2-47　按键原理图

```c
#include "STC12C5A60S2. h"
#define uchar unsigned char
#define uint unsigned int
//段码
uchar code DSY_CODE[]={0xc0,0xf9,0xa4,0xb0,0x99,0x92,0x82,0xf8,0x80,0x90};
uchar code dis_control[]= {0x00,0x01,0x02,0x03,0x04,0x05,0x06,0x07};//数码管位选
uchar Count=0;
void display();
void delay1ms(uint z)
{
    uint x,y;
    for(x=z;x>0;x--)
        for(y=950;y>0;y--);
}
//主程序
void main()
```

```
{
    TMOD=0x06;              //计数器 T0 方式 2
    TH0=TL0=256-1;          //计数值为 1
    ET0=1;          //允许 T0 中断
    EX0=1;          //允许 INT0 中断
    EA=1;           //允许 CPU 中断
    IP=0x02;        //设置优先级,T0 高于 INT0
    IT0=1;              //INT0 中断触发方式为下降沿触发
    TR0=1;              //启动 T0
    while(1)
    {
        display();
    }
}
void display()
{
    P2=dis_control[0];
    P0=DSY_CODE[Count%10];
    delay1ms(5);
    P0=0Xff;
    P2=dis_control[1];
    P0=DSY_CODE[Count/10];
    delay1ms(5);
    P0=0Xff;
}
//T0 计数器中断函数
void Key_Counter() interrupt 1
{
    Count=(Count+1)%100; //因为只有两位数码管,计数控制在 100 以内(00~99)
}
//INT0 中断函数
void Clear_Counter() interrupt 0
{
    Count=0;
}
```

⑤ 打开 STC-ISP 软件,选择单片机型号 STC12C5A60S2,选择串口号,打开程序文件
→选择 . Hex 文件→点击下载/编程,窗口显示"正在检测目标单片机",此时需要拨动
MCU 核心板的 S1 开关（置于 OFF 挡）,进行上电操作后,程序才能下载到单片机中。

⑥ 程序下载后,MCU 核心板的 S1 拨到 OFF,进行接口连接。将 MCU 核心板的 P8 接
口和独立按键模块的 P2 接口相连。MCU 核心板的 P10 接口和数码管模块的 P1 接口相连,

MCU 核心板的 P16 接口和数码管模块的 P2 接口相连。

　　单片机（GTA-GPMA12CA）　　独立按键（GTA-GISO14CA）

　　P8（P3）--P2

　　单片机　　　　　　　　　　数码管（GTA-GDSO11CA）

　　P10（P0）----------------------------------P1

　　P16（P2）----------------------------------P2

　　⑦ 将 MCU 核心板的 S1 拨到 ON 给单片机上电。

　　⑧ 观察实验现象，在实验结束后进行总结记录。

　　KB5 按下 1 次，计数器加 1，在数码管中显示个数，清零利用 KB3 按键。

　　⑨ 将 MCU 核心板的 S1 拨到 OFF，关闭板路电源。

　　⑩ 关机并清扫卫生。

【问题讨论】 ◀◀◀—

请同学们利用 T1 计数器来实现该项目中的功能。

2.7　智能电压检测系统设计

【任务描述】 ◀◀◀—

　　完成利用 STC12C5A60S2 单片机内部的 A/D 测量可调节电位器移动部分承受的电压（0～5V），在串口上显示采集到的电压值。

【实训目的】 ◀◀◀—

　◇ 掌握 STC12C5A60S2 单片机 P1 口的第二功能 A/D 转换。

　◇ 掌握 A/D 转换器的使用方法。

　◇ 掌握 A/D 转换器的编程方法。

　◇ 学习 STC12C5A60S2 单片机的编程、程序下载。

【相关知识】 ◀◀◀—

（1）相关寄存器

STC12C5A60S2 单片机自带 8 路 10 位 A/D，要使用就必须明确其相关寄存器，见表 2-8。

表 2-8　A/D 相关寄存器

符号	描述	地址	位地址及其符号								复位值
			MSB							LSB	
P1ASF	P1Analog Function Configure register	9DH	P17ASF	P16ASF	P15ASF	P14ASF	P13ASF	P12ASF	P11ASF	P10ASF	0000 0000B
ADC_CONTR	ADC Control Register	BCH	ADC_POWER	SPEED1	SPEED0	ADC_FLAG	ADC_START	CHS2	CHS1	CHS0	0000 0000B
ADC_RES	ADC Result high	BDH									0000 0000B
ADC_RESL	ADC Result low	BEH									0000 0000B
AUXR1	Auxiliary register 1	A2H	—	PCA_P4	SPI_P4	S2_P4	GF2	ADRJ	—	DPS	x000 00x0B
IE	Interrupt Enable	A8H	EA	ELVD	EADC	ES	ET1	EX1	ET0	EX0	0000 0000B
IP	Interrupt Priority Low	B8H	PPCA	PLVD	PADC	PS	PT1	PX1	PT0	PX0	0000 0000B
IPH	Interrupt Priority High	B7H	PPCAH	PLVDH	PADCH	PSH	PT1H	PX1H	PT0H	PX0H	0000 0000B

① P1ASF 寄存器。

P1 口模拟配置寄存器，地址：9DH，复位值：00H。单片机的 A/D 转换引脚与 P1 口复用，P1ASF 寄存器指定 P1 寄存器哪一位用于 A/D 转换，哪一位做 I/O 口用。具体是：P1ASF 寄存器的 8 位对应 P1 的 8 位，1 代表作 A/D 转换通道用，0 代表作 I/O 口用。不可位寻址。

例如：P1ASF＝0X01，指的是 P1.0 为 A/D 转换口。

② ADC_CONTR 寄存器。

ADC 控制寄存器，地址 BCH，复位值：00H。位说明：

ADC_CONTR.7（这种写法其实是有问题的，因为该寄存器不支持位寻址，仅供阅读方便）——ADC_POWER。ADC 开关，要使用 A/D 转换功能该位必须置"1"。开在初始化时直接将其置"1"，但考虑到能耗的因素，最好在使用时开启，使用结束后关闭。

ADC_CONTR.6——SPEED1、ADC_CONTR.5——SPEED2，A/D 转换速率控制寄存器。00——540 个时钟周期转换一次；01——360 个时钟周期转换一次；10——180 个时钟周期转换一次；11——90 个时钟周期转换一次。转换速率并非越快越好，当然从效率角度来讲我们希望它更快，但是转换速率越快能耗越高，同时准确度越低，所以请选择一个合理的周期。

ADC_CONTR.4——FLAG，A/D 转换结束标志位。当 A/D 转换结束时，自动拉高，标志转换结束。注意，需用软件拉低。

ADC_CONTR.3——SRART，A/D 转换启动位。置"1"A/D 转换启动。

ADC_CONTR.2~0——CHS2~0，表示对哪一个引脚的输入值进行 A/D 转换，使用 BCD 码，如表 2-9 所示。

表 2-9　模拟输入通道选择

CHS2	CHS1	CHS0	Analog Channel Select（模拟输入通道选择）
0	0	0	选择 P1.0 作为 A/D 输入来用
0	0	1	选择 P1.1 作为 A/D 输入来用
0	1	0	选择 P1.2 作为 A/D 输入来用
0	1	1	选择 P1.3 作为 A/D 输入来用
1	0	0	选择 P1.4 作为 A/D 输入来用
1	0	1	选择 P1.5 作为 A/D 输入来用
1	1	0	选择 P1.6 作为 A/D 输入来用
1	1	1	选择 P1.7 作为 A/D 输入来用

例如：ADC_CONTR＝0xe8，P1.0 口作为 A/D 通道，A/D 转换开始，转换时间为 90 个时钟周期。

③ ADC_RES，ADC_RESL，AUXR1 寄存器。

ADC_RES A/D 转换结果储存高位寄存器，地址：BDH，复位值：00H。

ADC_RESL A/D 转换结果储存低位寄存器，地址：BEH，复位值：00H。

AUXR1 辅助寄存器，地址：A2H，复位值：00H。当 AUXR1.2——ADRJ 为 0 时，A/D 转换结果的高 8 位存放在 ADC_RES 中，低 2 位存放在 ADC_RESL 的低 2 位中。当 ADRJ 为 1 时，A/D 转换结果的高 2 位存放在 ADC_RES 的低 2 位中，低 8 位存放在 ADC_RESL 中。

（2）P1 口的第二功能 A/D 模数转换的结果计算

A/D 转换结果放入两个寄存器中，低 8 位放入 ADC_RES，高 2 位放入 ADC_RESL 中，转换的计算公式是：

$$10\text{-bit A/D Conversion Result:}(ADC\_RES[7:0],ADC\_RESL[1:0])=1024\times\frac{Vin}{Vcc}$$

整合 A/D 的转换结果为 ADC_RES[7:0]×4+ADC_RES[1:0]，因为乘 4 相当于左移两位。

（3）A/D 的初始化函数

```
void ADC_Init（void）
{
    P1ASF ｜=0x01;              //P1.0 口作为 A/D 转换通道
    ADC_RES=0;                 //ADC 数据寄存器清零
    ADC_CONTR=ADC_POWER|ADC_SPEEDLL;
                               //打开 A/D 转换器电源，设置转换速率
    Delay_ms（2）;             //延时 2ms，等待 ADC 上电稳定
}
```

（4）实验的电路图

如图 2-48 所示。

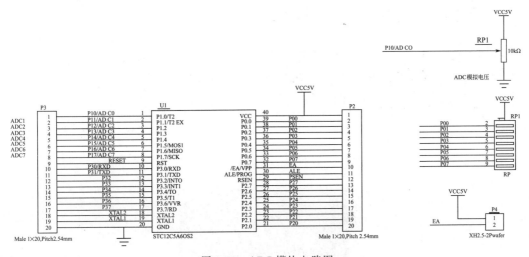

图 2-48　ADC 模块电路图

（5）串口配置

利用串口调试助手进行上下位机数据交换，如图 2-49 所示。

串口设置：

串口号：USB 转串口线电脑 COM 口。

波特率：9600。

数据位：8。

停止位：1。

注意：串口调试助手用完后，选择关闭串口，程序下载和串口调试共用一个串口端！

图 2-49　串口调试

【任务实施】

（1）需要实验设备和软件

① 实验设备

· GTA-GPMA12CA（MCU 核心板），见 2.1 节中图 2-4。

· GTA-GECA11CA（RS-232 下载板），见 2.1 节中图 2-5。

· 10PIN 排线，见 2.1 节中图 2-7。

· 12V 稳压电源，见 2.1 节中图 2-8。

· UT61E 万用表，见 2.1 节中图 2-9。

· GTA-GEAX12CA（ADC/DAC 模块），见图 2-50。

图 2-50　GTA-GEAX12CA（ADC/DAC 模块）

② 软件：Keil 程序编写和 STC-ISP 程序下载软件

- Keil 程序编写软件，见 2.1 节中图 2-10。
- STC-ISP 程序下载软件，见 2.1 节中图 2-11。
- 串口调试软件，如图 2-51 所示。

(2) 实施步骤

图 2-51 串口调试软件

① 将 GTA-GPMA12CA（MCU 核心板）、GTA-GECA11CA
(RS-232 下载模块）、GTA-GEAX12CA（ADC/DAC 模块）放到实验箱上盖磁性平台上。

② 将 GTA-GPMA12CA（MCU 核心板）的 P8 接口和 GTA-GECA11CA（RS-232 模块）的 P2 接口相连，RS-232 模块的 S1 拨码开关选择 232 端，将 GTA-GPMA12CA 模块接口 P5 用跳线帽短接。

③ 在上电前（MCU 核心板的拨码开关 S1 置于 OFF 挡），利用数字万用表测量电源和地是否短路状态（测量方法见 2.1 节），如果短路，一定不要上电，待排除短路故障后，方可进行下一步。

④ 利用 Keil 编写 C 程序，并生成 . Hex 文件。

Keil 的一般使用步骤是先建立工程，然后向工程中加入编写的程序文件（是 . c 后缀的 C 语言文件），进行编译（如发现错误要改正错误），生成 . Hex 烧录文件。具体步骤操作参见 2.1 节。

实验程序：

```
#include "stc12c5a60s2. h"
    //包含该头文件,可以使用_nop_()函数
#include<intrins. h>
#include<stdio. h>    //Keil library
#define uint unsigned int
#define uchar unsigned char
    //定义电源电压
    //如果用户开发板实际电源电压为 4.961V,可将 5000 改成 4961
#define VCC    5000
    //ADC 控制位定义
#define ADC_POWER    0x80         //ADC 电源控制位
#define ADC_FLAG       0x10         //ADC 转换完成标记
#define ADC_START     0x08         //ADC 开始转换标记
#define ADC_SPEEDLL 0x00         //ADC 转换速率 540 时钟
#define ADC_SPEEDL   0x20         //ADC 转换速率 360 时钟
#define ADC_SPEEDH   0x40         //ADC 转换速率 180 时钟
#define ADC_SPEEDHH 0x60         //ADC 转换速率 90 时钟
#define ADC_CHANNEL 0x00         //转换通道 P1. 0

    //全局变量
    unsigned long int ADCSum=0;
    unsigned int ADCResult=0;
```

```
unsigned char ADCCnt=0;
//函数声明
void ADC_Init(void);
void Delay_ms(unsigned int ms);
unsigned int ADC_GetResult(unsigned char ch);
void ADC_Process(void);
void delay1ms(uint z)
{
uint x,y;
for(x=z;x>0;x--)
    for(y=110;y>0;y--);
}
//9600 bps @ 11.059 MHz
void init_uart(void)
{
    TMOD=0x20;//即 0010 0000,定时/计数器 1,工作方式 2
    TH1=0xfd;//设置波特率为 9600
    TL1=0xfd;
    TR1=1;//启动定时/计数器 1
    SCON=0x50; //0101 0000. 串口工作方式 1,允许串行控制
    PCON=0x00;//设置 SMOD=0
    IE=0x90; //CPU 允许中断,串行允许中断
    TI=1;
}
//主函数
void main(void)
{
    ADC_Init();            //ADC 初始化
    init_uart();
    printf("ADC_TEST! /r /n");
    while(1)
    {
        ADC_Process();    //ADC 数据采集并且处理
        delay1ms(100);
    }
}
/* * * * * * * * * * * * * * * * * * * * * * * * * * * * * * * * * * * * * *
函数名称：ADC_Process
功　　能：ADC 数据处理
入口参数：无
```

返回值：无

备　　注：采集 32 个数据进行求平均

/ * /

```c
void ADC_Process(void)
{
//从 A/D 通道采集数据,并且进行累加
ADCSum+=ADC_GetResult(ADC_CHANNEL);
//计数器加 1
ADCCnt++;
//如果累加到 32 个数据,则开始处理
if(ADCCnt==32)
{
    ADCCnt=0;
    //(ADCSum>>5)等价于(ADCSum/32)
    //对 32 个数据取平均
    ADCSum=ADCSum>>5;
    //ADC=(Vin/Vref) * 1024
    //根据 ADC 计算公式进行转换
    ADCSum=ADCSum * VCC/1024;
    //保存转换结果并进行类型转换,方便显示
    ADCResult=(unsigned int)ADCSum;
    //清除 A/D 暂存变量
    ADCSum=0;
    //显示 A/D 值
//    ToDisplayBuf(ADCResult);
    printf("ADC=%5.3fV \r \n",(float)ADCResult/1000);
}
}
```

/ *

函数名称：Delay_ms

功　　能：STC 1T 单片机 1ms 延时程序

入口参数：ms:延时的毫秒数

返回值：无

备　　注：示波器实测 1.05ms 外部时钟 11.0592MHz

/ * /

```c
void Delay_ms(unsigned int ms)
{
    unsigned int i;
    while((ms--)!=0)
    {
```

```
        for(i=0;i<600;i++);
        }
    }
/* * * * * * * * * * * * * * * * * * * * * * * * * * * * * * * * * * *
函数名称：ADC_Init
功    能：ADC 初始化函数
入口参数:无
返 回 值:无
备    注:无
 * * * * * * * * * * * * * * * * * * * * * * * * * * * * * * * * * * * */
void ADC_Init(void)
{
P1ASF |=0x01;            //P1.0 口作为 A/D 转换通道
                        //ADC 数据寄存器清零
ADC_RES=0;
ADC_CONTR=ADC_POWER | ADC_SPEEDLL;
                        //打开 A/D 转换器电源,设置转换速率
Delay_ms(2); //延时 2ms,等待 ADC 上电稳定
}
/* * * * * * * * * * * * * * * * * * * * * * * * * * * * * * * * * * *
函数名称：ADC_GetResult
功    能：获取 ADC 转换的结果
入口参数：ch:转换的通道
返 回 值：unsigned int:转换得到的数据
备    注：使用查询方式
 * * * * * * * * * * * * * * * * * * * * * * * * * * * * * * * * * * * */
unsigned int ADC_GetResult(unsigned char ch)
{
unsigned int ADC_Value;
ADC_CONTR =ADC_POWER | ADC_SPEEDLL| ch | ADC_START；    //启动 ADC
    _nop_();                            //延时
    _nop_();
    _nop_();
    _nop_();
    while (! (ADC_CONTR & ADC_FLAG));//等待 A/D 转换完成
    ADC_CONTR &= ~ADC_FLAG;            //清除转换完成标记
ADC_Value=ADC_RES;            //读取 ADC 结果
ADC_Value=(ADC_Value<<2)|ADC_RESL;//读取十位 A/D 值,数据合并
    return ADC_Value;
}
```

⑤ 打开 STC-ISP 软件，选择单片机型号 STC12C5A60S2，选择串口号，打开程序文件
→选择 . Hex 文件→点击下载/编程，窗口显示"正在检测目标单片机"，此时需要拨动
MCU 核心板的 S1 开关（置于 OFF 挡），进行上电操作后，程序才能下载到单片机中。

⑥ 程序下载后，MCU 核心板的 S1 拨到 OFF，进行接口连接。将 MCU 核心板的 P13
接口和 ADC/DAC 模块模块的 P7 接口相连。

GTA-GEAX12CA-（ADC/DAC）单片机

P7 -------------------- -----------------------P13（P1）5V 供电

⑦ 打开串口调试软件

串口设置：

串口号：USB 转串口线电脑 COM 口。

波特率：9600。

数据位：8。

停止位：1。

注意：串口调试助手用完后，选择关闭串口，程序下载和串口调试共用一个串口端！

⑧ 将 MCU 核心板的 S1 拨到 ON 给单片机上电。

⑨ 观察实验现象，在实验结束后进行总结记录。

调节（0～5V 电压）可调节电位器 RP2，在串口上显示采集到的电压值。

⑩ 将 MCU 核心板的 S1 拨到 OFF，关闭板路电源。

⑪ 关机并清扫卫生。

【问题讨论】 <<<——

请同学们讨论设计 P1.1 口作为模拟量的输入口实现该功能。

2.8　LCD1602 显示系统设计

【任务描述】 <<<——

完成 LCD1602 液晶屏显示：

第一行：LCD1602 Display

第二行：GTA Ed Tech Ltd

【实训目的】 <<<——

◇ 掌握 LCD1602 的编程方法。

◇ 掌握 LCD1602 的显示原理。

◇ 掌握 LCD1602 的初始化、读写控制程序。

◇ 学习 STC12C5A60S2 单片机的编程、程序下载。

【相关知识】 <<<——

（1）LCD1602 实物

如图 2-52 所示，它的数据口 D0～D7 和单片机的 I/O 口相连，RS、R/W、E 和单片机
的 I/O 相连。

（2）LCD1602 显示原理

字符型液晶显示模块是专门用于显示字母、数字、符号等的点阵型液晶显示模块。可用

图 2-52　LCD1602 实物

4 位和 8 位数据传输方式。提供 5×7 点阵＋光标和 5×10 点阵＋光标显示模式。提供显示数据缓冲区 DDRAM，字符发生器 CGROM 和字符发生器 CGRAM。可以使用 CGRAM 来存储自己定义的最多 8 个 5×8 点阵的图形字符的字模数据。

主要参数如表 2-10 所示。

表 2-10　主要参数

项目	参考值	项目	参考值
逻辑工作电压(V_{DD})	$+4.5 \sim +5.5V$	储存温度(T_{sto})	$-10 \sim 60℃$
LCD 驱动电压($V_{DD}V_0$)	$+3.0 \sim +5.0V$	工作电流(背光除外)	2.5mAmax
工作温度(T_a)	$0 \sim 50℃$		

接口说明如表 2-11 所示。

表 2-11　接口说明

引脚	名称	方向	说明
1	VSS	—	电源负端
2	VDD	—	电源正端
3	V0	—	LCD 驱动电压
4	RS	I	RS＝0(数据)RS＝1(指令)
5	R/W	I	R/W＝0 写操作，R/W＝1 读操作
6	E	I	读操作时,下降沿有效 写操作时高电平有效
7～14	DB0～DB7	I/O	MPU 与模块之间的数据传送通道 4 位总线模块下 D0～D3 脚断开
15	LEDA	—	背光电源正端＋5V
16	LEDK	—	背光电源负端 0V

读操作时序如图 2-53 所示。

写操作时序如图 2-54 所示。

基本操作时序如表 2-12 所示。

表 2-12　基本操作时序

E	RS	R/W	说明
1	0	0	将指令代码写入到指令寄存器中
1→0		1	读液晶的状态和地址计数器
1	0	0	将显示数据写入到数据寄存器中
1→0		1	将液晶的数据寄存器

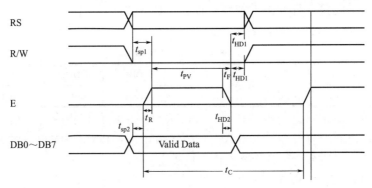

图 2-53　读操作时序

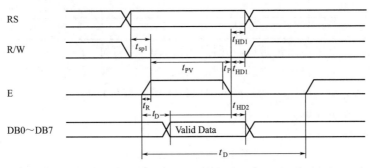

图 2-54　写操作时序

指令说明：

显示模式设置如表 2-13 所示。

表 2-13　显示模式

DB7	DB6	DB5	DB4	DB3	DB2	DB1	DB0
0	0	1	DL	N	F	0	0

DL＝1 8 位数据宽度，DL＝0 4 位数据宽度（DB3～DB0 不用）；

N＝1，两行字符显示模式，N＝0，单行显示模式；

F＝1，5×10 点阵，F＝0，5×7 点阵。

CGRAM 设置如表 2-14 所示。

表 2-14　CGRAM 设置

DB7	DB6	DB5	DB4	DB3	DB2	DB1	DB0
0	1	ACG5	ACG4	ACG3	ACG2	ACG1	ACG0

DDRAM 设置如表 2-15 所示。

表 2-15　DDRAM 设置

DB7	DB6	DB5	DB4	DB3	DB2	DB1	DB0
1	ADD6	ADD5	ADD4	ADD3	ADD2	ADD1	ADD0

DDRAM 为显示存储器，通过此命令将首地址送入 AC 中。

注意：在单行显示方式下，DDRAM 的地址范围为：00H～4FH；两行显示方式下，

DDRAM 的范围为：第一行 00H~27H，第二行 40~67H。

读忙标志（BF 和 AC）如表 2-16 所示。

表 2-16　读忙标志

DB7	DB6	DB5	DB4	DB3	DB2	DB1	DB0
BF	AC6	AC5	AC4	AC3	AC2	AC1	AC0

BF＝1 表示模块正在进行内部操作，此时模块不接收任何指令与数据。AC6～AC0 为地址计数器 AC 内的当前内容。由于 AC 为 CGROM、CGRAM、DDRM 的公用指针，因此当前 AC 内容所指区域为前一条指令操作区域决定。

输入模式设置如表 2-17 所示。

表 2-17　输入模式

DB7	DB6	DB5	DB4	DB3	DB2	DB1	DB0
0	0	0	0	0	1	I/D	S

I/D＝1 完成一个字符码传送后，光标右移，AC 自动加 1；

I/D＝0 完成一个字符码传送后，光标左移，AC 自动减 1；

S＝1 全部显示向右（I/D＝0）或向左（I/D＝1）移位；

S＝0 显示不发生移位。

归位设置如表 2-18 所示。

表 2-18　归位设置

DB7	DB6	DB5	DB4	DB3	DB2	DB1	DB0
0	0	0	0	0	0	1	＊

置地址计数器 AC＝0；DDRAM 中的内容并不改变。

清屏设置如表 2-19 所示。

表 2-19　清屏设置

DB7	DB6	DB5	DB4	DB3	DB2	DB1	DB0
0	0	0	0	0	0	0	1

DDRAM 中的内部全部清成空字符。AC＝0，自动增 1 模式；光标回到原点。

显示开/关光标设置如表 2-20 所示。

表 2-20　显示开/关光标设置

DB7	DB6	DB5	DB4	DB3	DB2	DB1	DB0
0	0	0	0	1	D	C	B

D＝1，开显示；D＝0，关显示。

C＝1，显示光标；C＝0，不显示光标。

B＝1，光标闪烁；B＝0，光标不闪烁。

光标或显示移位设置如表 2-21 所示。

表 2-21　光标或显示移位设置

DB7	DB6	DB5	DB4	DB3	DB2	DB1	DB0
0	0	0	1	S/C	R/L	＊	＊

R/L＝0，光标向左移动；R/L＝1，光标向右移动。

S/C＝0，AC 值自动减 1（左移）加 1（右移）；S/C＝1，AC 值不变。

清显示屏设置如表 2-22 所示。

表 2-22　清显示屏设置

DB7	DB6	DB5	DB4	DB3	DB2	DB1	DB0
0	0	0	0	0	0	0	1

显示数据寄存器（DDRAM）：DDRAM 显示字符的字符码，其容量决定了最多可显示的字符数目。DDARM 地址与 LCD 显示屏上的显示位置的对应关系如下：

单行显示模式如表 2-23 所示。

表 2-23　单行显示模式

字符列地址	1	2	3	…	78	79	80
DDRAM 地址	00H	01H	02H	…	4DH	4EH	4FH

两行显示模式如表 2-24 所示。

表 2-24　两行显示模式

字符列地址		1	2	3	…	39	40
DDRAM 地址	1 行	00H	01H	02H	…	26H	27H
	2 行	40H	41H	42H	…	66H	67H

字符发生器（CGROM）：在 CGROM 中，模块已经以 8 位的二进制数的形式，生成了 5×8 点阵的字符字模。字符码的地址范围为 00H～FFH，其中 00H～07H 字符码与用户 CGRAM 中生成的自定义图形字符字模相对应，08H～FFH 与字符发生器中的字模相对应。

字符发生器（CGRAM）：在 CGRAM 中，用户可以生成自定义的图形字符的字模组。可以生成 5×8 点阵字模 8 组。

（3）实验电路图

该实验的电路图如图 2-55 所示。

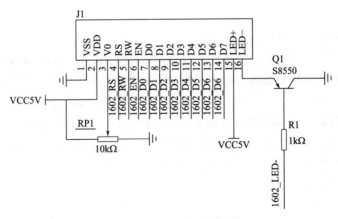

图 2-55　LCD1602 电路图

【任务实施】 ‹‹‹—

（1）需要实验设备和软件

图 2-56　GTA-GDCB11CA
(LCD1602 液晶模块)

① 实验设备

• GTA-GPMA12CA（MCU 核心板），见 2.1 节中图 2-4。

• GTA-GECA11CA（RS-232 下载板），见 2.1 节中图 2-5。

• 10PIN 排线，见 2.1 节中图 2-7。

• 12V 稳压电源，见 2.1 节中图 2-8。

• UT61E 万用表，见 2.1 节中图 2-9。

• GTA-GDCB11CA（LCD1602 液晶模块），如图 2-56 所示。

② 软件：Keil 程序编写和 STC-ISP 程序下载软件

• Keil 程序编写软件，见 2.1 节中图 2-10。

• STC-ISP 程序下载软件，见 2.1 节中图 2-11。

（2）实施步骤

① 将 GTA-GPMA12CA（MCU 核心板）、GTA-GECA11CA（RS-232 下载模块）、GTA-GDCB11CA（LCD1602 液晶模块）放到实验箱上盖磁性平台上。

② 将 GTA-GPMA12CA（MCU 核心板）的 P8 接口和 GTA-GECA11CA（RS-232 模块）的 P2 接口相连，RS-232 模块的 S1 拨码开关选择 232 端，将 GTA-GPMA12CA 模块接口 P5 用跳线帽短接。

③ 在上电前（MCU 核心板的拨码开关 S1 置于 OFF 挡），利用数字万用表测量电源和地是否短路状态（测量方法见 2.1 节），如果短路，一定不要上电，待排除短路故障后，方可进行下一步。

④ 利用 Keil 编写 C 程序，并生成 .Hex 文件。

Keil 的一般使用步骤是先建立工程，然后向工程中加入编写的程序文件（是 .c 后缀的 C 语言文件），进行编译（如发现错误要改正错误），生成 .Hex 烧录文件。具体步骤操作参见 2.1 节。

实验程序：

```
/* 编译环境：Keil μVision4
硬件环境：GTA-GPMA12CA（核心板）＋GTA-GDCA11CA（1602 液晶模块） */
#include"STC12C5A60S2.h"//包含单片机寄存器的头文件
#include"intrins.h"        //包含 _nop_() 函数定义的头文件
#define   uchar   unsigned char
#define   uint   unsigned int
uint DelayTime;
sbit LCD1602_RS=P1^0;        //寄存器选择位，将 RS 位定义为 P1.0 引脚
sbit LCD1602_RW=P1^1;      //读写选择位，将 R/W 位定义为 P1.1 引脚
sbit LCD1602_EN=P1^2;        //使能信号位，将 E 位定义为 P1.2 引脚
sbit LCD1602_LED=P1^3;      //背光脚
//P0 口用于数据读写
uchar code digit1 [16] = {"LCD1602 Display"};//定义字符数组显示数字
uchar code digit2 [16] = {"GTA Ed Tech Ltd."};//定义字符数组显示数字
```

```
void delay _ ms （uchar DelayTime）
{
uchar i;
while （DelayTime--） {
    for （i＝0；i＜250；i＋＋）
        ;
}
}
/ * * * * * * * * * * * * * * * * * * * * * * * * * * * * * * *
函数功能：判断液晶模块的忙碌状态
返回值：result。result＝1，忙碌；result＝0，不忙
 * * * * * * * * * * * * * * * * * * * * * * * * * * * * * * * */
bit LCD _ check _ busy （void）
{
bit result＝0;
LCD1602 _ RS＝0;        //根据协议：RS 为低电平，R/W 为高电平时，可以读状态
LCD1602 _ RW＝1;
LCD1602 _ EN＝1;            //E＝1，才允许读写
 _ nop _ （）; //空操作
 _ nop _ （）;
  _ nop _ （）;
 _ nop _ （）; //空操作四个机器周期，给硬件反应时间
result＝ （bit） （P0 & 0x80）; //将忙碌标志电平赋给 result
  LCD1602 _ EN＝0;                //将 E 恢复低电平
  return result;
}
/ * * * * * * * * * * * * * * * * * * * * * * * * * * * * * * *
函数功能：写指令
 * * * * * * * * * * * * * * * * * * * * * * * * * * * * * * * */
void LCD _ write _ command （unsigned char command）
{
  while （LCD _ check _ busy （） ＝＝1）; //如果忙就等待
LCD1602 _ LED＝0;
LCD1602 _ RS＝0;                //根据协议：RS 和 R/W 同时为低电平时，可以写入指令
LCD1602 _ RW＝0;
LCD1602 _ EN＝0;
P0＝command;                //写入指令
delay _ ms （1）;
LCD1602 _ EN＝1;            //E 置高电平
delay _ ms （1）;
```

```
  LCD1602_EN=0;
  }
/* * * * * * * * * * * * * * * * * * * * * * * * * * * * * * * *
函数功能：写显示地址
* * * * * * * * * * * * * * * * * * * * * * * * * * * * * * */
void LCD_write_addr (uchar addr)
{
  LCD_write_command (addr + 0x80); //显示位置的确定方法规定为"80H+地址
码 x"
  }
/* * * * * * * * * * * * * * * * * * * * * * * * * * * * * * * *
//函数功能：将数据（字符的标准 ASCII 码）写入液晶模块
* * * * * * * * * * * * * * * * * * * * * * * * * * * * * * */
void LCD_write_data (uchar in_data)
{
  while (LCD_check_busy () ==1);
  LCD1602_RS=1;              //RS 为高电平，R/W 为低电平时，可以写入数据
  LCD1602_RW=0;
  LCD1602_EN=0;         //EN 下降沿脉冲，写数据
  P0=in_data;
  dclay_ms (1);
  LCD1602_EN=1;
  delay_ms (1);
  LCD1602_EN=0;
  }
/* * * * * * * * * * * * * * * * * * * * * * * * * * * * * * * *
函数功能：对 LCD 的显示模式进行初始化设置
* * * * * * * * * * * * * * * * * * * * * * * * * * * * * * */
void LCD_init (void)
{
  delay_ms (3);                    //延时 15ms，首次写指令时应给 LCD 一段较长的反
应时间
  LCD_write_command (0x38);    //显示模式设置
  delay_ms (1);
  LCD_write_command (0x38);    //显示模式设置
  delay_ms (1);
  LCD_write_command (0x38);    //显示模式设置
  delay_ms (1);
  LCD_write_command (0x0c);    //显示开，无光标，光标不闪烁
  delay_ms (1);
```

```
LCD _ write _ command (0x06);    //显示光标右移, 字符不移
delay _ ms (1);
LCD _ write _ command (0x01);    //清屏幕指令, 将以前的显示内容清除
delay _ ms (1);
}
/* * * * * * * * * * * * * * * * * * * * * * * * * * * * * * *
函数功能: 主函数
* * * * * * * * * * * * * * * * * * * * * * * * * * * * * * * * */
void main (void)
{
uchar i;

LCD _ init ();          //调用 LCD 初始化函数
delay _ ms (1);
while (1)
{
  i=0;
  LCD _ write _ addr (0x0);
  while (digit1 [i] ! ='\0')
   {
    LCD _ write _ data (digit1 [i] );
    i++;
  }
  LCD _ write _ addr (0x40);
  i=0;
  while (digit2 [i]! = '\0')
   {
    LCD _ write _ data (digit2 [i] );
    i++;
  }
}
}
```

⑤ 打开 STC-ISP 软件, 选择单片机型号 STC12C5A60S2, 选择串口号, 打开程序文件
→选择 .Hex 文件→点击下载/编程, 窗口显示"正在检测目标单片机", 此时需要拨动
MCU 核心板的 S1 开关 (置于 OFF 挡), 进行上电操作后, 程序才能下载到单片机中。

⑥ 程序下载后, MCU 核心板的 S1 拨到 OFF, 进行接口连接。将 MCU 核心板的 P10
接口和 LCD1602 液晶模块的 P1 接口相连, MCU 核心板的 P13 接口和 LCD1602 液晶模块
的 P2 接口相连。

单片机 (GTA-GPMA12CA) LCD1602 (GDCA11CA)

P10 (P0) ------------- ------------------P1

P13 （P1）-------------------------------P2

⑦ 将 MCU 核心板的 S1 拨到 ON 给单片机上电。

⑧ 观察实验现象，在实验结束后进行总结记录。

调节 （0～5V 电压）可调节电位器 RP2，在串口上显示采集到的电压值。

⑨ 将 MCU 核心板的 S1 拨到 OFF，关闭板路电源。

⑩ 关机并清扫卫生。

【问题讨论】 <<<——

请同学们讨论设计 1 个自己想显示内容的程序。

2.9 步进电机控制系统设计

【任务描述】 <<<——

完成按键控制 KB1 步进电机正转 360°、KB2 步进电机反转 360°、KB3 步进电机随时停止。

【实训目的】 <<<——

◇ 掌握 ULN2003 的使用方法。

◇ 掌握步进电机的使用方法。

◇ 学习 STC12C5A60S2 单片机的编程、程序下载。

【相关知识】 <<<——

（1）步进电机实物

步进电机实物如图 2-57 所示。

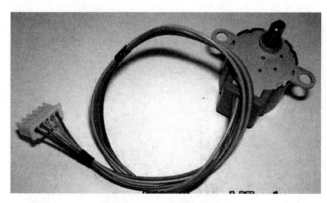

图 2-57　步进电机

（2）步进电机控制原理

步进电机是将电脉冲信号转变为角位移或线位移的开环控制元件。

步进电机的结构示意图如图 2-58 所示，步进电机的定子上有 6 个均布的磁极，其夹角是 60°。各磁极上套有线圈，按图 2-58 连成 A、B、C 三相绕组。转子上均布 40 个小齿。所以每个齿的齿距为 $\theta_E = 360°/40 = 9°$，而定子每个磁极的极弧上也有 5 个小齿，且定子和转子的齿距和齿宽均相同。由于定子和转子的小齿数目分别是 30 和 40，其比值是一分数，这就产生了所谓的齿错位的情况。若以 A 相磁极小齿和转子的小齿对齐，如图 2-58 所示，那么 B 相和 C 相磁极的齿就会分别和转子齿相错三分之一的齿距，即 3°。因此，B、C 极下的磁阻比 A 磁极下的磁阻大。若给 B 相通电，B 相绕组产生定子磁场，其磁力线穿越 B 相磁极，并力图按磁阻最小的路径闭合，这就使转子受到反应转矩（磁阻转矩）的作用而转动，直到 B 磁极上的齿与转子齿对齐，恰好转子转过 3°；此时 A、C 磁极下的齿又分别与转子齿错开三分之一齿距。接着停止对 B 相绕组通电，而改为 C 相绕组通电，同理受反应转矩的作用，转子按顺时针方向再转过 3°。依次类推，当三相绕组按 A→B→C→A 顺序循环通电时，转子会按顺时针方向，以每个通电脉冲转动 3°的规律步进式转动起来。若改变通电顺序，按 A→C→B→A 顺序循环通电，则转子就按逆时针方向以每个通电脉冲转动 3°的规律转动。因为每一瞬间只有一相绕组通电，并且按三种通电状态循环通电，故称为单三拍运行方式。单三拍运行时的步矩角 θ_b 为 30°。三相步进电动机还有两种通电方式，它们分别是双三拍运行，即按 AB→BC→CA→AB 顺序循环通电的方式，以及单、双 6 拍运行，即按 A→AB→B→BC→C→CA→A 顺序循环通电的方式。6 拍运行时的步矩角将减小一半。

（3）驱动芯片 ULN2003

ULN2003A 电路是美国 Texas Instruments 公司和 Sprague 公司开发的高压大电流达林顿晶体管阵列电路。除了作为步进电机驱动器以外，还经常用作继电器驱动器。

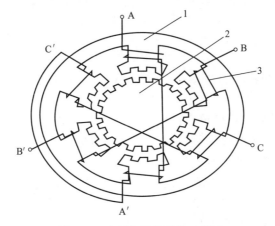

图 2-58　步进电机的结构示意图

该芯片的逻辑框图如图 2-59 所示。

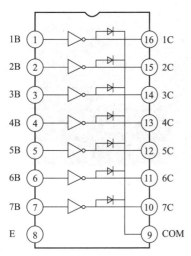

图 2-59　ULN2003 芯片的逻辑框图

图 2-60　ULN2003 芯片实物

可以看出它是 7 路反向驱动器。即当输入端是高电平时，ULN2003 输出端为低电平。

当输入端为低电平时，UILN2003 输出端为高电平。

ULN2003 芯片实物如图 2-60 所示。

（4）电路图

该实验的电路图如图 2-61 所示。

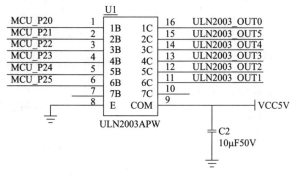

图 2-61 实验电路图

【任务实施】 ‹‹‹——

（1）需要实验设备和软件

① 实验设备

• GTA-GPMA12CA（MCU 核心板），见 2.1 节中图 2-4。

• GTA-GECA11CA（RS-232 下载板），见 2.1 节中图 2-5。

• 10PIN 排线，见 2.1 节中图 2-7。

• 12V 稳压电源，见 2.1 节中图 2-8。

• UT61E 万用表，见 2.1 节中图 2-9。

• GTA-GCMS41CA（步进电机模块），如图 2-62 所示。

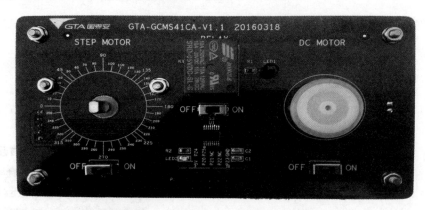

图 2-62 GTA-GCMS41CA（步进电机模块）

• GTA-GISO14CA（按键模块），如图 2-63 所示。

② 软件：Keil 程序编写和 STC-ISP 程序下载软件

• Keil 程序编写软件，见 2.1 节中图 2-10。

• STC-ISP 程序下载软件，见 2.1 节中图 2-11。

（2）实施步骤

图 2-63　GTA-GISO14CA（按键模块）

① 将 GTA-GPMA12CA（MCU 核心板）、GTA-GECA11CA（RS-232 下载模块）、GTA-GCMS41CA（步进电机模块）、GTA-GISO14CA（按键模块）放到实验箱上盖磁性平台上。

② 将 GTA-GPMA12CA（MCU 核心板）的 P8 接口和 GTA-GECA11CA（RS-232 模块）的 P2 接口相连，RS-232 模块的 S1 拨码开关选择 232 端，将 GTA-GPMA12CA 模块接口 P5 用跳线帽短接。

③ 在上电前（MCU 核心板的拨码开关 S1 置于 OFF 挡），利用数字万用表测量电源和地是否短路状态（测量方法见 2.1 节），如果短路，一定不要上电，待排除短路故障后，方可进行下一步。

④ 利用 Keil 编写 C 程序，并生成 .Hex 文件。

Keil 的一般使用步骤是先建立工程，然后向工程中加入编写的程序文件（是 .c 后缀的 C 语言文件），进行编译（如发现错误要改正错误），生成 .Hex 烧录文件。具体步骤操作参见 2.1 节。

实验程序：

```
/* ------------------------------------------------------------------------
编译环境：Keil μVision4
硬件环境：GTA-GPMA12CA（核心板）＋GTA-GCMS41CA（步进电机）
* * * * * * * * * * * * * * * * * * * * * * * * * * * * * * * * * * * * */
#include "STC12C5A60S2.h"
#include <intrins.h>
#define uchar unsigned char
#define uint unsigned int
uchar code CCW[8] = {0x02, 0x06, 0x04, 0x0c, 0x08, 0x18, 0x10, 0x12};//正转
uchar code CW[8] = {0x12, 0x10, 0x18, 0x08, 0x0c, 0x04, 0x06, 0x02};//反转


sbit Key_KB1 = P2^0;//转正按键
sbit Key_KB2 = P2^1;//反转按键
sbit Key_KB3 = P2^2;//停止按键
```

```
void delaynms（uint aa）//延时函数
{
    uchar bb；
    while（aa--）
     {
        for（bb=0；bb<115；bb++）
         {

         }
         }
}


void delay500us（void）
{
    int j；
    for（j=0；j<100；j++）
     {

     }
}


void beep（void）
{
    uint t；
    for（t=0；t<300；t++）
     {
        delay500us（）；
     }
}


void motor_ccw（void）//读取正转函数
{
    uchar i，j；
    for（j=0；j<8；j++）//电机旋转一周
     {
        if（Key_KB3==0）
         {
            break；//K3 按下，退出此循环
         }
```

```
        for （i＝0；i＜8；i++） //旋转 45°
         {
             P1＝CCW [i]；
             delaynms （20）；//调节旋转
         }
     }
}
void motor_cw （void） //读取反转函数
{
     uchar i，j；
     for （j＝0；j＜8；j++）
      {
         if （Key_KB3＝＝0）
          {
             break；//K3 按下，退出此循环
          }
         for （i＝0；i＜8；i++） //旋转 45°
          {
             P1＝CW [i]；
             delaynms （20）；//调节旋转
          }
      }
}


void main （void） //主函数
{
     uchar r；
     uchar N＝64；//因为步进电机是减速步进电机，减速比的 1/64，所以 N＝64 时，
步进电机主//轴转一圈
     while （1）
      {
         if （Key_KB1＝＝0）
          {
             beep （）；
             for （r＝0；r＜N；r++）
              {
                 motor_ccw （）；//电机正转
                 if （Key_KB3＝＝0）
                  {
                     beep （）；
                     break；
                  }
```

```
                    }
                }
            if (Key _ KB2＝＝0)
                {
            beep ();
            for (r＝0；r＜N；r＋＋)
                {
                    motor _ cw ();  //电机反转
                    if (Key _ KB3＝＝0)
                    {
                        beep ();
                        break;
                    }
                }
            }
        else
            P1＝0xf0；  //电机停止
            }
    }
```

⑤ 打开 STC-ISP 软件，选择单片机型号 STC12C5A60S2，选择串口号，打开程序文件→选择 . Hex 文件→点击下载/编程，窗口显示"正在检测目标单片机"，此时需要拨动 MCU 核心板的 S1 开关（置于 OFF 挡），进行上电操作后，程序才能下载到单片机中。

⑥ 程序下载后，MCU 核心板的 S1 拨到 OFF，进行硬件接口连接。将 MCU 核心板的 P13 接口和步进电机模块的 P3 接口相连。MCU 核心板的 P16 接口和独立按键模块的 P2 接口相连。

单片机（GTA-GPMA12CA）步进电机（GTA-GCMS41CA）

P13（P1）------------------ ---------------------P3

单片机 独立按键（GTA-GISO14CA）

P16（P2）--P2

⑦ 将 MCU 核心板的 S1 拨到 ON 给单片机上电。

⑧ 观察实验现象，在实验结束后进行总结记录。

S1 拨到 ON，按键控制 KB1 步进电机正转 360°、KB2 步进电机反转 360°、KB3 步进电机随时停止。

⑨ 将 MCU 核心板的 S1 拨到 OFF，关闭板路电源。

⑩ 关机并清扫卫生。

【问题讨论】 <<<—

请同学们讨论设计步进电机双三拍运行程序。

2.10 光电编码器测速系统设计

【任务描述】 <<<—

完成利用光电编码器测量直流电机的速度，在数码管上显示电机每分钟的测速值。两个按键控制电机的正转或反转。

【实训目的】 <<<——

◇ 掌握光敏元件和光栅码盘的构成和工作原理。

◇ 掌握光电编码器的使用方法。

◇ 掌握光电编码器测速的 C 语言编程。

◇ 学习 STC12C5A60S2 单片机的编程、程序下载。

【相关知识】 <<<——

（1）光电编码器的测速原理

光电编码器是一种通过光电转换将输出轴上的机械几何位移量转换成脉冲或数字量的传感器，这是目前应用最多的传感器。光电编码器由光栅盘和光电检测装置组成。光栅盘是在一定直径的圆板上等分地开通若干个长方形孔。由于光电码盘与电机同轴，电机旋转时，光栅盘与电机同速旋转，经发光二极管等电子元件组成的检测装置检测输出若干脉冲信号；通过计算每秒光电编码器输出脉冲的个数就能反映当前电机的转速。

本实验中采用的光电检测装置为 U 形红外对管。在光栅盘上有 25 个长方形孔。每个长方形孔经过经过一次 U 形红外对管，都有一个明暗变化。光电编码器测量电机转速的原理见视频二维码 M2-21。

（2）直流电机驱动

本实验采用 DRV8833PW 双通道 H 桥电流控制电机驱动器。能够驱动两个直流电机或 1 个步进电机。每个 H 桥的输出驱动器模块由 N 沟道功率 MOSFET 组成，这些 MOSFET 被配置成一个 H 桥，以驱动电机绕组。每个 H 桥都包括用于调节或限制绕组电流的电路。

M2-21

（3）本实验的电路图

① 光电传感器测速电路图如图 2-64 所示。

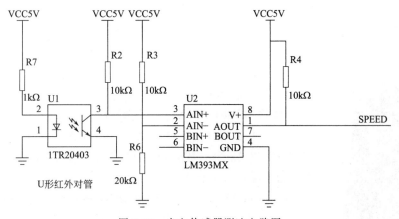

图 2-64　光电传感器测速电路图

② 直流减速电机驱动电路图如图 2-65 所示。

【任务实施】 <<<——

（1）需要实验设备和软件

① 实验设备

• GTA-GPMA12CA（MCU 核心板），见 2.1 节中图 2-4。

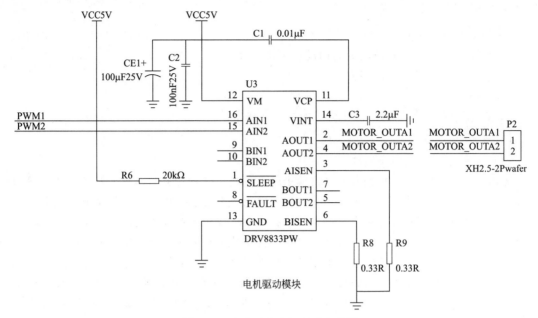

图 2-65   直流减速电机驱动电路图

- GTA-GECA11CA（RS-232 下载板），见 2.1 节中图 2-5。
- 10PIN 排线，见 2.1 节中图 2-7。
- 12V 稳压电源，见 2.1 节中图 2-8。
- UT61E 万用表，见 2.1 节中图 2-9。
- GTA-GISO14CA（独立按键），见 2.4 节中图 2-43。
- GTA-GDSO11CA（数码管模块），见 2.2 节中图 2-40。
- GTA-GCMD11CA（光电编码器模块），如图 2-66 所示。

② 软件：Keil 程序编写和 STC-ISP 程序下载软件

- Keil 程序编写软件，见 2.1 节中图 2-10。
- STC-ISP 程序下载软件，见 2.1 节中图 2-11。

（2）实施步骤

① 将 GTA-GPMA12CA（MCU 核心板）、GTA-GECA11CA（RS-232 下载模块）、GTA-GCMD11CA（光电编码器模块）、GTA-GDSO11CA（数码管）、GTA-GISO14CA（独立按键）放到实验箱上盖磁性平台上

② 将 GTA-GPMA12CA（MCU 核心板）的 P8 接口和 GTA-GECA11CA（RS-232 模块）的 P2 接口相连，RS-232 模块的 S1 拨码开关选择 232 端，将 GTA-GPMA12CA 模块接口 P5 用跳线帽短接。

图 2-66   GTA-GCMD11CA
（光电编码器模块）

③ 在上电前（MCU 核心板的拨码开关 S1 置于 OFF 挡），利用数字万用表测量电源和地是否短路状态（测量方法见 2.1 节），如果短路，一定不要上电，待排除短路故障后，方可进行下一步。

④ 利用 Keil 编写 C 程序，并生成 .Hex 文件。

　　Keil 的一般使用步骤是先建立工程，然后向工程中加入编写的程序文件（是 .c 后缀的 C 语言文件），进行编译（如发现错误要改正错误），生成 .Hex 烧录文件。具体步骤操作参见 2.1 节。

　　实验程序：

```
/* 硬件环境：GTA-GPMA12CA（核心板）＋GTA-GCMD11CA（光电编码器）＋
GTA-GDSO11CA（数码管）＋GTA-GISO14CA（独立按键）*/
#include "STC12C5A60S2.h"
#include "intrins.h"
#define uchar unsigned char
#define uint unsigned int
#define stop {P2_0=1; P2_1=1;} /* 电机停止 */
#define MCCW {P2_0=1; P2_1=0;} /* 电机反转 */
#define MCW {P2_0=0; P2_1=1;} /* 电机正转 */

sbit P2_0 = P2^0;
sbit P2_1 = P2^1;
sbit Speed = P2^2;
sbit Corotation_Key = P1^0;
sbit Reversal_Key = P1^1;

bit nFlag=0;                    /* 电机信号标志 */
uchar cwFlag; /* 电机状态：0=停止，1=CW，2=CCW */
uint c = 0;     /* 定时计数 */
uchar MBuf_i = 0;                        /* 滑动记录索引 */
uchar MBuf[8] = {0, 0, 0, 0, 0, 0, 0, 0}; /* 采样值缓存 */
unsigned char code table[] = {0xc0, 0xf9, 0xa4, 0xb0, 0x99, 0x92, 0x82, 0xf8,
0x80, 0x90}; //数码//管显示编码，阳码
unsigned char code dis_control[] = {0x00, 0x01, 0x02, 0x03, 0x04, 0x05, 0x06,
0x07}; //数码管位//码
void Delayus (unsigned int time) //延时时间为 1μs × x，晶振是 11.0592MHz
{
        unsigned int _y;
        for (_y = 0; _y < time; _y++)
                _nop_ ();
}
//数码管显示函数
void display (uint Num)
{
unsigned char ge, shi, bai;
//显示个位
```

```
P3 = dis _ control [0];
P0 = table [ge];
Delayus (80);
P0 = 0xff;
//显示十位
P3 = dis _ control [1];
P0 = able [shi];
Delayus (80);
P0 = 0xff;
//显示百位
P3 = dis _ control [2];
P0 = table [bai];
Delayus (80);
P0 = 0xff;
bai = Num / 100 % 10;
shi = Num / 10;
ge = Num % 10;
}
void main ()
{
uint temp;
uchar i;
TMOD = 0x01;
EA＝ET0＝TR0＝1;
while (1)
{
    if (Corotation _ Key == 0) /＊ 电机正反转 ＊/
     {
        MCW;
        cwFlag = 1;
     }
    if (Reversal _ Key == 0)
     {
        MCCW;
        cwFlag = 2;
     }
    if (Reversal _ Key == 0)
     {
        MCCW;
        cwFlag = 2;
```

```
}
/* 求采样值总和 */
temp = MBuf [0]; /* 电机正反转 */
for (i = 1; i < sizeof (MBuf); i++) temp+=MBuf [i];
/* 显示部分 */
display (temp/sizeof (MBuf) );
}
}
void time0 () interrupt 1
{
TL0= (65536-1000)%256;
TH0= (65536-1000) /256;                //定时时间为1ms
c++;
if (Speed==0 && inFlag==0)
{
    MBuf [MBuf_i] = (60000/26) /c; //计算速度，1min转了几圈
    c=0;
    inFlag=1; //重置
    MBuf_i= (MBuf_i+1)%sizeof (MBuf);
}
else if (Speed==1 && inFlag==1)
{
    inFlag=0;
}
}
```

⑤ 打开 STC-ISP 软件，选择单片机型号 STC12C5A60S2，选择串口号，打开程序文件 →选择 .Hex 文件→点击下载/编程，窗口显示"正在检测目标单片机"，此时需要拨动 MCU 核心板的 S1 开关（置于 OFF 挡），进行上电操作后，程序才能下载到单片机中。

⑥ 程序下载后，MCU 核心板的 S1 拨到 OFF，进行硬件接口连接。将 MCU 核心板的 P16 接口和光电编码器模块的 P1 接口相连。MCU 核心板的 P13 接口和独立按键模块的 P2 接口相连。MCU 核心板的 P10 接口和数码管模块的 P1 接口相连，MCU 核心板的 P12 接口 和数码管模块的 P2 接口相连。

单片机（GTA-GPMA12CA）光电编码器（GTA-GCMD11CA）带小齿轮电机
P16（P2）---P1
单片机　　　　　　　　　　　数码管（GTA-GDSO11CA）
P10（P0）---P1
P8（P3）--P2
单片机　　　　　　　　　　　独立按键（GTA-GISO14CA）带交通灯
P13（P1）---P2

⑦ 将 MCU 核心板的 S1 拨到 ON 给单片机上电。

⑧ 观察实验现象，在实验结束后进行总结记录。

模块上电后，数码管低三位显示 000，KB1 控制电机正转，在数码管上显示电机每分钟的测速值；KB2 控制电机反转，在数码管上显示电机每分钟的测速值。

⑨ 将 MCU 核心板的 S1 拨到 OFF，关闭板路电源。

⑩ 关机并清扫卫生。

【问题讨论】 ‹‹‹——

光栅编码器的其他用途。

第3章

单片机扩展实训项目

 ## 内容提要与训练目标

本章主要讲述单片机扩展实验，针对单片机与传感器实训室的单片机实训箱，进行实际电路连接及编程操作。

训练目标：

◇ 了解单片机较为复杂的系统开发过程。

◇ 熟练掌握单片机内部各个模块的使用及编程方法。

◇ 掌握利用实验箱中各个电路板组成单片机控制系统。

◇ 能够合作完成较为复杂的单片机项目的电路及编程。

3.1　恒温控制系统设计

【任务描述】 ⋘——

完成一个恒温控制系统设计。利用温度传感器 DS18B20 测温度，单片机对温度进行处理，分别控制两个继电器，使加热器和风扇得电与失电，从而让温度控制在 28～30℃之间，达到恒温目的。

【实训目的】 ⋘——

◇ 掌握温度传感器 DS18B20 工作原理及使用方法。

◇ 掌握继电器的控制方法。

◇ 学习 STC12C5A60S2 单片机的编程、程序下载。

【相关知识】 ⋘——

（1）温度传感器 DS18B20 操作方法（DS18B20 的使用方法见视频二维码 M3-1）

DS18B20 是可编程分辨率的单总线数字温度计，采用 TO-92 封装，如图 3-1 所示。它有 3 个引脚，引脚定义如表 3-1 所示。

M3-1

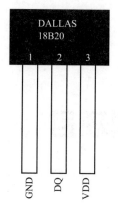

图 3-1　DS18B20 封装图

表 3-1　DS18B20 引脚定义

TO-92 封装	符号	说明
1	GND	接地
2	DQ	数据输入/输出引脚
3	VDD	电源引脚

注意：因为 DQ 引脚为漏极开路口，所以在使用时必须加上拉电阻。

① 测温结果操作　DS18B20 的核心功能是它的直接读数字的温度传感器。温度传感器的精度为用户可编程的 9、10、11 或 12 位，分别以 0.5℃、0.25℃、0.125℃和 0.0625℃增量递增。在上电状态下默认的精度为 12 位。DS18B20 启动后保持低功耗等待状态；当需要执行温度测量和 A/D 转换时，总线控制器必须发出［44h］命令。在那之后，产生的温度数据以两个字节的形式被存储到高速暂存器的温度寄存器中，DS18B20 继续保持等待状态。当 DS18B20 由外部电源供电时，总线控制器在温度转换指令之后发起"读时序"，DS18B20 正在温度转换中返回 0，转换结束返回 1。如果 DS18B20 由寄生电源供电，除非在进入温度转换时总线被一个强上拉拉高，否则将不会有返回值。

② 程序操作步骤　通过单线总线端口访问 DS18B20 的协议如下：

初始化序列：

步骤 1：初始化。

步骤 2：ROM 操作指令。

步骤 3：DS18B20 功能指令。

每一次 DS18B20 的操作都必须满足以上步骤，若是缺少步骤或是顺序混乱，器件将不会返回值。例如这样的顺序：发起 ROM 搜索指令［F0h］和报警搜索指令［ECh］之后，总线控制器必须返回步骤 1。

③ 指令集

a. ROM 指令　一旦总线控制器探测到一个存在脉冲，它就发出一条 ROM 指令。如果总线上挂有多只 DS18B20，这些指令将基于器件独有的 64 位 ROM 片序列码使得总线控制器选出特定要进行操作的器件。这些指令同样也可以使总线控制器识别有多少个、什么型号的器件挂在总线上，同样，它们也可以识别哪些器件已经符合报警条件。ROM 指令有 5 条，都是 8 位长度。总线控制器在发起一条 DS18B20 功能指令之前必须先发出一条 ROM

指令。

• READ ROM [33h]（读取 ROM 指令）　只有在总线上存在单个 DS18B20 的时候才能使用这条命令。该命令允许总线控制器在不使用搜索 ROM 指令的情况下读取从机的 64 位片序列码。如果总线上有不止一个从机，当所有从机试图同时传送信号时就会发生数据冲突。

• MATH ROM [55h]（匹配 ROM 指令）　匹配 ROM 指令，后跟 64 位 ROM 编码序列，让总线控制器在多点总线上定位一个特定的 DS18B20。只有和 64 位 ROM 片序列码完全匹配的 DS18B20 才能响应随后的存储器操作指令；所有和 64 位 ROM 片序列码不匹配的从机都将等待复位脉冲。

• SKIP ROM [CCh]（忽略 ROM 指令）　这条指令允许总线控制器不用提供 64 位 ROM 编码就使用功能指令。例如，总线控制器可以先发出一条忽略 ROM 指令，然后发出温度转换指令 [44h]，从而完成温度转换操作。注意：当只有一个从机在总线上时，无论如何，忽略 ROM 指令之后只能跟着发出一条读取暂存器指令 [BEh]。在单点总线情况下使用该命令，器件无需发回 64 位 ROM 编码，从而节省了时间。如果总线上有不止一个从机，若发出忽略 ROM 指令，由于多个从机同时传送信号，总线上就会发生数据冲突。

• ALARM SEARCH [ECH]（报警搜索指令）　这条命令的流程和搜索 ROM 指令相同，然而，只有满足报警条件的从机才对该命令作出响应。只有在最近一次测温后遇到符合报警条件的情况，DS18B20 才会响应这条命令。在每次报警搜索指令周期之后，总线控制器必须返回步骤 1。关于报警操作流程见报警信号操作节。

b. DS18B20 功能指令　在总线控制器发给欲连接的 DS18B20 一条 ROM 命令后，跟着可以发送一条 DS18B20 功能指令。这些命令允许总线控制器读写 DS18B20 的暂存器，发起温度转换和识别电源模式。

• CONVERT T [44h]（温度转换指令）　这条命令用以启动一次温度转换。温度转换指令被执行，产生的温度转换结果数据以 2 个字节的形式被存储在高速暂存器中，而后 DS18B20 保持等待状态。如果寄生电源模式下发出该命令后，在温度转换期间（tconv），必须在 $10\mu s$（最多）内给单总线一个强上拉。如果 DS18B20 以外部电源供电，总线控制器在发出该命令后跟着发读时序，DS18B20 如处于转换中，将在总线上返回 0，若温度转换完成，则返回 1。寄生电源模式下，总线被强上拉拉高前这样的通信技术不会被使用。

• WRITE SCRATCHPAD [4Eh]（写暂存器指令）　这条命令向 DS18B20 的暂存器写入数据，开始位置在 TH 寄存器（暂存器的第 2 个字节），接下来写入 TL 寄存器（暂存器的第 3 个字节），最后写入配置寄存器（暂存器的第 4 个字节）。数据以最低有效位开始传送。上述三个字节的写入必须发生在总线控制器发出复位命令前，否则会中止写入。

• READ POWER SUPPLY [B4h]（读电源模式指令）　总线控制器在这条命令发给 DS18B20 后发出读时序，若是寄生电源模式，DS18B20 将拉低总线，若是外部电源模式，DS18B20 将会把总线拉高。

④ 读写时序　如图 3-2 所示。

（2）本实验的电路图

降温和加热电路都采用三极管驱动继电器的方法。继电器的测量方法见视频二维码 M3-2。

① 降温控制电路如图 3-3 所示。

M3-2

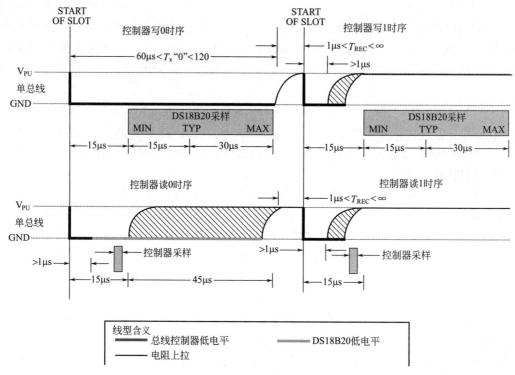

图 3-2　DS18B20 读写时序

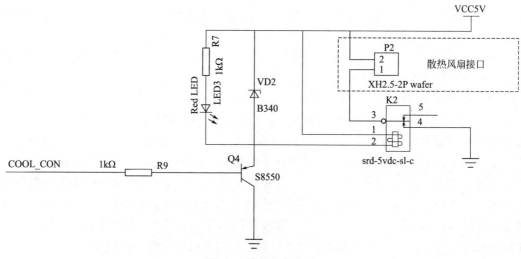

图 3-3　降温控制电路

② 加热控制电路如图 3-4 所示。

③ 温度传感器电路如图 3-5 所示。

DS18B20 是漏极开路，所以必须加上拉电阻，图中 4.7kΩ 电阻为上拉电阻。

【任务实施】 <<<←

（1）需要实验设备和软件

① 实验设备

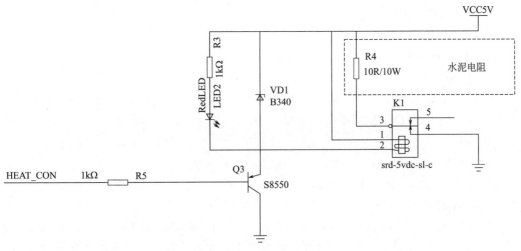

图 3-4 加热控制电路

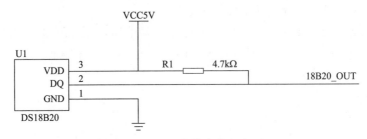

图 3-5 温度传感器电路

- GTA-GPMA12CA（MCU 核心板），见 2.1 节中图 2-4。
- GTA-GECA11CA（RS-232 下载板），见 2.1 节中图 2-5。
- 10PIN 排线，见 2.1 节中图 2-7。
- 12V 稳压电源，见 2.1 节中图 2-8。
- UT61E 万用表，见 2.1 节中图 2-9。
- GTA-GDCA11CA（LCD1602 液晶模块），见 2.8 节中图 2-56。
- GTA-GEECG1CA（恒温控制模块），如图 3-6 所示。

图 3-6 GTA-GEECG1CA（恒温控制模块）

② 软件：Keil 程序编写和 STC-ISP 程序下载软件

• Keil 程序编写软件，见 2.1 节中图 2-10。

• STC-ISP 程序下载软件，见 2.1 节中图 2-11。

（2）实施步骤

① 将 GTA-GPMA12CA（MCU 核心板）、GTA-GECA11CA（RS-232 下载模块）、GTA-GEECG1CA（恒温控制模块）、GTA-GDCA11CA（LCD1602 液晶模块）放到实验箱上盖磁性平台上。

② 将 GTA-GPMA12CA（MCU 核心板）的 P8 接口和 GTA-GECA11CA（RS-232 模块）的 P2 接口相连，RS-232 模块的 S1 拨码开关选择 232 端，将 GTA-GPMA12CA 模块接口 P5 用跳线帽短接。

③ 在上电前（MCU 核心板的拨码开关 S1 置于 OFF 挡），利用数字万用表测量电源和地是否短路状态（测量方法见 2.1 节），如果短路，一定不要上电，待排除短路故障后，方可进行下一步。

④ 利用 Keil 编写 C 程序，并生成 .Hex 文件。

Keil 的一般使用步骤是先建立工程，然后向工程中加入编写的程序文件（是 .c 后缀的 C 语言文件），进行编译（如发现错误要改正错误），生成 .Hex 烧录文件。具体步骤操作参见 2.1 节。

实验程序：

/＊ 编译环境：Keil μVision4

硬件环境：GTA-GPMA12CA（核心板）＋GTA-GDCA11CA（1602 液晶模块）＋GTA-GEECG1CA（恒温控制）＊/

```
#include "STC12C5A60S2. H" //头文件
#include <math. h>
#include <stdlib. h>
#include <stdio. h>
#include <INTRINS. H>
#define uchar unsigned char
#define uint unsigned int
#define DataPort P0 //LCD1602 数据端口
unsigned char code digit [] = {" TEMP CONTROL "};
//端口定义
sbit LCM _ RS=P1^0; //LCD1602 命令端口
sbit LCM _ RW=P1^1; //LCD1602 命令端口
sbit LCM _ EN=P1^2; //LCD1602 命令端口
sbit LCM _ LED=P1^3;
sbit DQ=P2^0; //DS18B20
sbit HEAT=P2^1; //模块加热
sbit COOL=P2^2; //模块降温
//函数声明
```

```
void delay (unsigned int k);
void InitLcd (); //初始化 LCD1602
void WriteDataLCM (uchar dataW);
void WriteCommandLCM (uchar CMD, uchar Attribc);
void DisplayOneChar (uchar X, uchar Y, uchar DData);
void conversion (uint temp_data);
uchar m=2;
uchar ge, shi, bai, qian, wan, shiwan; //显示变量
uint wendu, wendu_z, wendu_tmp; //温度
/ * * * * * * * * 延时函数 * * * * * * * * /
void Delay (unsigned char a1, b1, c1)
{
unsigned char a, b, c;
for (a=0; a<a1; a++)
for (b=0; b<b1; b++)
for (c=0; c<c1; c++);
}
/ * * * * * * * * DS18B20 * * * * * * * * /
void Init_Ds18b20 (void)            //DS18B20 初始化
{
DQ=1;                    //DQ 复位，不要也可行
Delay (1, 1, 1);             //稍做延时 10μs
DQ=0;                    //单片机拉低总线
Delay (6, 1, 63); //600μs        //精确延时，维持至少 480μs
DQ=1;                    //释放总线，即拉高了总线
Delay (5, 1, 63); //500us        //此处延时有足够，确保能让 DS18B20 发出存在
脉冲
}


uchar Read_One_Byte ()          //读取一个字节的数据，读数据时，数据以字节
的最低有效位先从总线移出
{
uchar i=0;
uchar dat=0;
for (i=8; i>0; i--)
   {
   DQ=0;                 //将总线拉低，要在 1μs 之后释放总线
   _nop_ ();             //至少维持了 1μs，表示读时序开始
   dat>>=1;             //让从总线上读到的位数据，依次从高位移动到
低位
```

```
        DQ=1;                        //释放总线，此后 DS18B20 会控制总线，把数据传
输到总线上
        Delay (1, 1, 1);                //延时 10μs，此处参照推荐的读时序图，尽
量把控制器采样时间放到读时序后的 15μs 内的最后部分
        if（DQ）                    //控制器进行采样
         {
            dat|=0x80;                //若总线为 1，即 DQ 为 1，那就把 dat 的最高
位置 1；若为 0，则不进行处理，保持为 0
         }
        Delay (1, 1, 8);                //20μs    //此延时不能少，确保读时序的长
度 60μs
    }
    return (dat);
    }
    void Write_One_Byte (uchar dat)
    {
    uchar i=0;
    for (i=8; i>0; i--)
    {
        DQ=0;                    //拉低总线
        _nop_ ();                        //至少维持了 1μs，表示写时序（包括写 0 时
序或写 1//时序）开始
        DQ=dat&0x01;                //从字节的最低位开始传输
                                //指令 dat 的最低位赋给总线，必须在拉低总线后的
15μs 内
                            因为 15μs 后 DS18B20 会对总线采样
        Delay (1, 1, 15);                //必须让写时序持续至少 60μs
        DQ=1;                        //写完后，必须释放总线
        dat>>=1;
        Delay (1, 1, 1);
    }
    }


    //获取温度
    uint Get_Tmp ()
    {
    float tt;
    uchar a, b;
    Init_Ds18b20 ();                //初始化
    Write_One_Byte (0xcc);                //忽略 ROM 指令
```

```
Write _ One _ Byte（0x44）;            //温度转换指令
Init _ Ds18b20（）;                    //初始化
Write _ One _ Byte（0xcc）;            //忽略 ROM 指令
Write _ One _ Byte（0xbe）;            //读暂存器指令
a＝Read _ One _ Byte（）;              //读取到的第一个字节为温度 LSB
b＝Read _ One _ Byte（）;              //读取到的第一个字节为温度 MSB
wendu＝b;                              //先把高 8 位有效数据赋予 wendu
wendu＜＜＝8;                          //把以上 8 位数据从 wendu 低 8 位移到高 8 位
wendu＝wendu | a;                      //两字节合成一个整型变量
tt＝wendu * 0.0625;                    //得到真实十进制温度值
wendu＝（uint）（tt * 10＋0.5）;         //放大 10 倍，同时进行一个四舍五入
操作
return wendu;
}
//转换显示数据
void conversion（uint temp _ data）
{

    wan＝temp _ data/10000＋0x30;
    temp _ data＝temp _ data％10000;       //取余运算
qian＝temp _ data/1000＋0x30;
    temp _ data＝temp _ data％1000;        //取余运算
    bai＝temp _ data/100＋0x30;
    temp _ data＝temp _ data％100;         //取余运算
    shi＝temp _ data/10＋0x30;
    temp _ data＝temp _ data％10;          //取余运算
    ge＝temp _ data＋0x30;
}


/ * * * * * * * * * * * * * * * * * * * * * * * /
void delay _ ms（unsigned int k）
{
unsigned int i，j;
for（i＝0；i＜k；i++）
{
    for（j＝0；j＜950；j++）
    {;}
}
}
/ * * * * * * * * * * * * * * * * * * * * * * * /
```

```
void WaitForEnable (void)
{
DataPort=0xff;
LCM _ RS=0; LCM _ RW=1; _ nop _ ();
LCM _ EN=1; _ nop _ (); _ nop _ ();
while (DataPort&0x80);
LCM _ EN=0;
}
/* * * * * * * * * * * * * * * * * * * * * * * * * */
void WriteCommandLCM (uchar CMD, uchar Attribc)
{
if (Attribc) WaitForEnable ();
LCM _ RS=0; LCM _ RW=0; _ nop _ ();
DataPort=CMD; _ nop _ ();
LCM _ EN=1; _ nop _ (); _ nop _ (); LCM _ EN=0;
}
/* * * * * * * * * * * * * * * * * * * * * * * * * */
void WriteDataLCM (uchar dataW)
{
WaitForEnable ();
LCM _ RS=1; LCM _ RW=0; _ nop _ ();
DataPort=dataW; _ nop _ ();
LCM _ EN=1; _ nop _ (); _ nop _ (); LCM _ EN=0;
}
/* * * * * * * * * * * * * * * * * * * * * * * * * */
void InitLcd ()
{
uchar i;
WriteCommandLCM (0x38, 1);
WriteCommandLCM (0x08, 1);
WriteCommandLCM (0x01, 1);
WriteCommandLCM (0x06, 1);
WriteCommandLCM (0x0c, 1);
LCM _ LED=0;

for (i=0; i<16; i++)
    DisplayOneChar (i, 0, digit [i] );
}
/* * * * * * * * * * * * * * * * * * * * * * * * * */
void DisplayOneChar (uchar X, uchar Y, uchar DData)
```

```
{
Y&=1;
X&=15;
if (Y) X|=0x40;
X|=0x80;
WriteCommandLCM (X, 0);
WriteDataLCM (DData);
}


void WD_DISP ()
{


wendu_tmp=Get_Tmp ();
if (wendu_tmp! =850)
wendu_z=wendu_tmp;
    if (wendu_z<280)          //温度小于28℃开启加热,风扇关闭
{

    HEAT=0;
    COOL=1;

}
else if (wendu_z>293)          //温度大于29.3℃关闭加热,开启风扇,降温//不
是马上降下来的
{

    HEAT=1;
    COOL=0;


}


conversion (wendu_z);
DisplayOneChar (m, 1,'T');            //温度显示
DisplayOneChar (m+1, 1,':');
DisplayOneChar (m+2, 1, bai);
DisplayOneChar (m+3, 1, shi);
DisplayOneChar (m+4, 1,'.');
DisplayOneChar (m+5, 1, ge);
DisplayOneChar (m+7, 1, 0XDF);       //温度单位
DisplayOneChar (m+8, 1,'C');
}
//*************************************
//******主程序********
```

```
//************************************
void main ()
{
        delay_ms (50); //上电延时
        InitLcd (); //液晶初始化
HEAT=1;
COOL=1;
        while (1) //循环
         {
        WD_DISP ();
        delay_ms (500);
    }
}
```

⑤ 打开 STC-ISP 软件，选择单片机型号 STC12C5A60S2，选择串口号，打开程序文件→选择.Hex 文件→点击下载/编程，窗口显示"正在检测目标单片机"，此时需要拨动 MCU 核心板的 S1 开关（置于 OFF 挡），进行上电操作后，程序才能下载到单片机中。

⑥ 程序下载后，MCU 核心板的 S1 拨到 OFF，进行接口连接。将 MCU 核心板的 P16 接口和恒温控制模块的 P1 接口相连。MCU 核心板的 P10 接口和 LCD1602 液晶模块的 P1 接口相连，MCU 核心板的 P13 接口和 LCD1602 液晶模块的 P2 接口相连。

单片机（GTA-GPMA12CA）恒温控制系统（GTA-GEECG1CA）

P16（P2）-----------------------------------P1

单片机（GTA-GPMA12CA）LCD 板（GTA-GDCA11CA）

P10（P0）------------------ -----------------P1

P13（P1）------------------ -----------------P2

⑦ 将 MCU 核心板的 S1 拨到 ON 给单片机上电。

⑧ 观察实验现象，在实验结束后进行总结记录。

温度控制在 28～30℃，反复变化。

温度小于 28℃开启加热，风扇关闭（LED2 亮）；温度大于 29.5℃风扇开启，加热关闭（LED3 亮）。温度加热上升过程风扇降温不会马上下降。

LED2 为加热指示灯，LED3 为风扇指示灯。

⑨ 将 MCU 核心板的 S1 拨到 OFF，关闭板路电源。

⑩ 关机并清扫卫生。

【问题讨论】 «««—

利用 PT100 测温，设计思路。

3.2 金属物体检测系统设计

【任务描述】 «««—

利用接近开关检测 4mm 范围内的金属物体，检测到金属物体时，蜂鸣器响。

【实训目的】◀◀◀◀—

◇ 了解接近开关的工作原理。

◇ 掌握接近开关的编程方法。

◇ 学习 STC12C5A60S2 单片机的编程、程序下载。

【相关知识】◀◀◀◀—

（1）欧姆龙接近开关的技术参数

① 供电：5V。

② 输出：NPN N0。

③ 检测距离：4mm。

④ 可控制负载电流：小于 300mA。

⑤ 检测物体：金属体。

⑥ 实物外形：产品直径 12mm，金属外壳长度 55mm，总长 60mm。

（2）接近开关的工作原理

① 输出为电平信号，接近开关信号线能直接接单片机的 I/O 口或者晶体管及 TTL、MOS 等逻辑电路接口。

② 接近开关共有 3 条引线，分别是接近开关的供电线棕色线和蓝色线，及信号输出线黑色线。

③ 接近开关的引线定义，棕色线为接近开关的正极供电线，此线接 5V 电源的正极。蓝色线为接近开关的负极供电线，此线接 5V 电源的负极。黑色线为信号输出线，此线可直接接接单片机的 I/O 口。

④ 信号线输出电平状态定义，接近开关在待机时，信号线输出为高电平也就是数字 1，此时单片机的 I/O 口为数字 1，接近开关在检测到金属时输出为低电平也就是数字 0，能通过高低电平的转换（数字 1 和 0）信号变化来控制单片机。

⑤ 在给单片机写程序时应注意到一点，接近开关在待机时的电平是高电平，工作输出时的电平信号是低电平。

（3）电路图

该实验的电路图如图 3-7 所示。

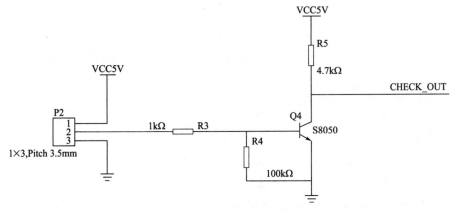

图 3-7 接近开关电路图

【任务实施】 <<←——

（1）需要实验设备和软件

① 实验设备

- GTA-GPMA12CA（MCU 核心板），见 2.1 节中图 2-4。
- GTA-GECA11CA（RS-232 下载板），见 2.1 节中图 2-5。
- 10PIN 排线，见 2.1 节中图 2-7。
- 12V 稳压电源，见 2.1 节中图 2-8。
- UT61E 万用表，见 2.1 节中图 2-9。
- GTA-GSSO11CA（接近开关模块），如图 3-8 所示。

② 软件：Keil 程序编写和 STC-ISP 程序下载软件

- Keil 程序编写软件，见 2.1 节中图 2-10。
- STC-ISP 程序下载软件，见 2.1 节中图 2-11。

（2）实施步骤

① 将 GTA-GPMA12CA（MCU 核心板）、GTA-GE-CA11CA（RS-232 下载模块）、GTA-GSSO11CA（接近开关模块）放到实验箱上盖磁性平台上。

② 将 GTA-GPMA12CA（MCU 核心板）的 P8 接口和 GTA-GECA11CA（RS-232 模块）的 P2 接口相连，RS-232 模块的 S1 拨码开关选择 232 端，将 GTA-GPMA12CA 模块接口 P5 用跳线帽短接。

③ 在上电前（MCU 核心板的拨码开关 S1 置于 OFF 挡），利用数字万用表测量电源和地是否短路状态（测量方法见 2.1 节），如果短路，一定不要上电，待排除短路故障后，

图 3-8　GTA-GSSO11CA

（接近开关模块）

方可进行下一步。

④ 利用 Keil 编写 C 程序，并生成 .Hex 文件。

Keil 的一般使用步骤是先建立工程，然后向工程中加入编写的程序文件（是 .c 后缀的 C 语言文件），进行编译（如发现错误要改正错误），生成 .Hex 烧录文件。具体步骤操作参见 2.1 节。

实验程序：

```
/*编译环境：Keil μVision4
硬件环境：GTA-GPMA12CA（核心板）＋ GTA-GSSO11CA（接近开关、蜂鸣器）*/
#include "STC12C5A60S2.h"
sbit Buzze=P1^1;//蜂鸣器引脚定义
sbit CHECK=P1^2;//接近开关引脚定义
void delay(unsigned int x)//延时函数
{
    unsigned char i;
    while(x--)
    {
```

```
            for (i=0; i<120; i++);
        }
    }
    void main ()
    {
        if (CHECK==1)          //接触到金属蜂鸣器响
        {
            Buzze=0;
            delay (400);
            Buzze=1;
            delay (400);
        }
        else
        {
            Buzze=1;
        }
    }
```

⑤ 打开 STC-ISP 软件，选择单片机型号 STC12C5A60S2，选择串口号，打开程序文件
→选择 .Hex 文件→点击下载/编程，窗口显示"正在检测目标单片机"，此时需要拨动
MCU 核心板的 S1 开关（置于 OFF 挡），进行上电操作后，程序才能下载到单片机中。

⑥ 程序下载后，MCU 核心板的 S1 拨到 OFF，进行接口连接。将 MCU 核心板的 P13
接口和接近开关模块的 P1 接口相连。

单片机（GTA-GPMA12CA） 接近开关模块（GTA-GSCS11CA）

P13（P1）--P1

⑦ 将 MCU 核心板的 S1 拨到 ON 给单片机上电。

⑧ 观察实验现象，在实验结束后进行总结记录。

模块上电，当有金属靠近接近开关的时候，蜂鸣器响。接近开关距离为 4mm。

⑨ 将 MCU 核心板的 S1 拨到 OFF，关闭板路电源。

⑩ 关机并清扫卫生。

【问题讨论】◀◀◀

把电路中的 NPN 型三极管改成 PNP，单片机检测接近开关有金属物体时是什么信号。

3.3 智能电子秤控制系统设计

【任务描述】◀◀◀

利用 A/D 转换器 HX711 对应变式压力传感器差分电压信号进行转换，单片机读取转换
后的数字量进行处理，进而测得物体（2kg）的重量，在 LCD1602 中显示。

【实训目的】◀◀◀

◇ 掌握压力传感器和 HX711 的工作原理。

◇ 掌握压力传感器和 HX711 的使用方法。

◇ 学习 STC12C5A60S2 单片机的编程、程序下载。

【相关知识】 ‹‹‹←—

（1）压力传感器的工作原理

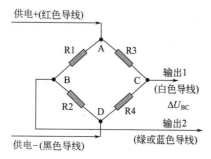

图 3-9　应变片电桥接线图

将应变片粘贴到受力的力敏型弹性元件上，当弹性元件受力产生变形时，应变片产生相应的应变，转化成电阻变化。将应变片接成如图 3-9 所示的电桥，力引起的电阻变化将转换为测量电路的电压变化，通过测量输出电压的数值，再通过换算即可得到所测量物体的重量。

（2）A/D 转换器 HX711 工作原理

HX711 是一款专为高精度称重传感器而设计的 24 位 A/D 转换器芯片。与同类型其他芯片相比，该芯片集成了包括稳压电源、片内时钟振荡器等其他同类型芯片所需要的外围电路，具有集成度高、响应速度快、抗干扰性强等优点。降低了电子秤的整机成本，提高了整机的性能和可靠性。该芯片与后端 MCU 芯片的接口和编程非常简单，所有控制信号由引脚驱动，无需对芯片内部的寄存器编程。输入选择开关可任意选取通道 A 或通道 B，与其内部的低噪声可编程放大器相连。通道 A 的可编程增益为 128 或 64，对应的满额度差分输入信号幅值分别为 ±20mV 或 ±40mV。通道 B 则为固定的 32 增益，用于系统参数检测。芯片内提供的稳压电源可以直接向外部传感器和芯片内的 A/D 转换器提供电源，系统板上无需另外的模拟电源。芯片内的时钟振荡器不需要任何外接器件。上电自动复位功能简化了开机的初始化过程。

① 引脚说明如图 3-10 所示。

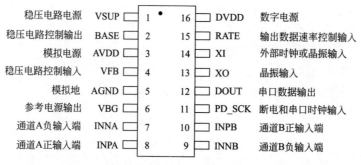

图 3-10　HX711 的引脚说明

② HX711 和单片机串行通信。HX711 和单片机之间的串行通信利用的引脚为 DOUT 和 PD_SCK，用来输出数据，选择输入通道和增益。当数据输出引脚 DOUT 为高电平时，表明 A/D 转换器还未准备好输出数据，此时串口时钟输入信号 PD_SCK 应为低电平。当 DOUT 从高电平变低电平后，PD_SCK 应输入 25～27 个不等的时钟脉冲。其中第一个时钟脉冲的上升沿将读出输出 24 位数据的最高位（MSB），直至第 24 个时钟脉冲完成，24 位输出数据从最高位至最低位逐位输出完成。第 25～27 个时钟脉冲用来选择下一次 A/D 转换的输入通道和增益，参见表 3-2。

表 3-2 HX711 转换通道及增益

PD_SCK 脉冲数	输入通道	增益
25	A	128
26	B	32
27	A	64

③ 根据串行通信，HX711 的读取程序。

```
//************************
//读取 HX711
//************************
unsigned long HX711 _ Read（void）//增益 128
{
    unsigned long count；
    unsigned char i；
    HX711 _ DOUT＝1；
    Delay _ _ hx711 _ us（）；
    HX711 _ SCK＝0；
    count＝0；
    while（HX711 _ DOUT）；
    for（i＝0；i＜24；i＋＋）
     {
        HX711 _ SCK＝1；
        count＝count＜＜1；
        HX711 _ SCK＝0；
        if（HX711 _ DOUT）
            count＋＋；
    }
    HX711 _ SCK＝1；
    count＝count^0x800000；     //第 25 个脉冲下降沿来时，转换数据
    Delay _ _ hx711 _ us（）；
    HX711 _ SCK＝0；
    return（count）；
}
```

（3）该实验的电路图

① 称重传感器接口如图 3-11 所示。

② A/D 采样电路如图 3-12 所示。

【任务实施】 <<<—

（1）需要实验设备和软件

① 实验设备

• GTA-GPMA12CA（MCU 核心板），见 2.1 节中图 2-4。

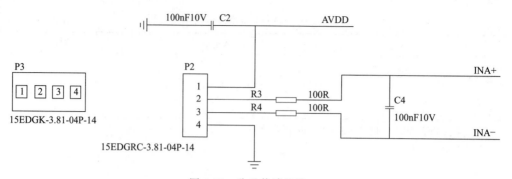

图 3-11　称重传感器接口

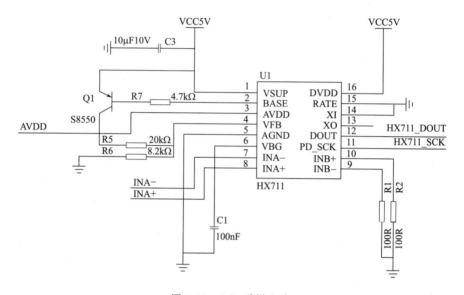

图 3-12　A/D 采样电路

- GTA-GECA11CA（RS-232 下载板），见 2.1 节中图 2-5。
- 10PIN 排线，见 2.1 节中图 2-7。
- 12V 稳压电源，见 2.1 节中图 2-8。
- UT61E 万用表，见 2.1 节中图 2-9。
- GTA-GDCA11CA（LCD1602 液晶模块），见 2.8 节中图 2-56。
- GTA-GSWX21CA（称重模块），如图 3-13 所示。

② 软件：Keil 程序编写和 STC-ISP 程序下载软件

- Keil 程序编写软件，见 2.1 节中图 2-10。
- STC-ISP 程序下载软件，见 2.1 节中图 2-11。

（2）实施步骤

① 将 GTA-GPMA12CA（MCU 核心板）、GTA-GECA11CA（RS-232 下载模块）、GTA-GSWX21CA（称重模块）、GTA-GDCA11CA（LCD1602 液晶模块）放到实验箱上盖磁性平台上。

② 将 GTA-GPMA12CA（MCU 核心板）的 P8 接口和 GTA-GECA11CA（RS-232 模块）的 P2 接口相连，RS-232 模块的 S1 拨码开关选择 232 端，将 GTA-GPMA12CA 模块接

图 3-13　GTA-GSWX21CA（称重模块）

口 P5 用跳线帽短接。

③ 在上电前（MCU 核心板的拨码开关 S1 置于 OFF 挡），利用数字万用表测量电源和地是否短路状态（测量方法见 2.1 节），如果短路，一定不要上电，待排除短路故障后，方可进行下一步。

④ 利用 Keil 编写 C 程序，并生成 .Hex 文件。

Keil 的一般使用步骤是先建立工程，然后向工程中加入编写的程序文件（是 .c 后缀的 C 语言文件），进行编译（如发现错误要改正错误），生成 .Hex 烧录文件。具体步骤操作参见 2.1 节。

实验程序：

```
/*编译环境：Keil μVision4
硬件环境：GTA-GPMA12CA（核心板）＋ GTA-GDCA11CA（1602 液晶模块）＋
GTA-GSWX21CA（压力传感器） */
#include" main.h"
#include" LCD1602.h"          //LCD1602 的程序头文件
#include"HX711.h"             //HX711 读取数据程序头文件
float HX711_Buffer=0;
unsigned int Weight_Shiwu=0;
float Weight_Maopi=0;
float Weight_total=0;
//*********************************
//主函数
//*********************************
void main()
{
Init_LCD1602();                    //初始化 LCD1602
LCD1602_write_com(0x80);           //指针设置
LCD1602_write_word("Weight：");     //开机画面第一行
```

```
Delay _ ms (500); //延时 2s

LCD1602 _ write _ com (0x80);                //指针设置
LCD1602 _ write _ com (0x80＋0x40);          //指针设置
LCD1602 _ write _ word ("0.000kg");

Get _ Maopi (); //称重量

while (1)
{
    Get _ Weight ();          //称重
    //显示当前重量
    LCD1602 _ write _ com (0x80＋0x40);
    LCD1602 _ write _ data (Weight _ Shiwu/1000＋0x30);
    LCD1602 _ write _ data ('.');
    LCD1602 _ write _ data (Weight _ Shiwu%1000/100＋0x30);
    LCD1602 _ write _ data (Weight _ Shiwu%100/10＋0x30);
    LCD1602 _ write _ data (Weight _ Shiwu%10＋0x30);
}
}
//* * * * * * * * * * * * * * * * * * * * * * * * * * *
//称重
//* * * * * * * * * * * * * * * * * * * * * * * * * * *
void Get _ Weight ()
{
    unsigned char i;
    for (i=0; i<10; i++)
     {
        HX711 _ Buffer＝HX711 _ Read ();
        if (HX711 _ Buffer＞Weight _ Maopi)
         {
            Weight _ total＝Weight _ total＋ (HX711 _ Buffer-Weight _ Maopi);
         }
        Delay _ ms (50);
     }
    Weight _ Shiwu＝ (unsigned int) ( (float) Weight _ total/ (4000 * 2) );
    if (Weight _ Shiwu＜3)
     {
        Weight _ Shiwu＝0;
     }
```

```
        Weight _ total＝0；
}
//＊＊＊＊＊＊＊＊＊＊＊＊＊＊＊＊＊＊＊＊＊＊＊＊＊＊＊＊
//获取重量
//＊＊＊＊＊＊＊＊＊＊＊＊＊＊＊＊＊＊＊＊＊＊＊＊＊＊＊＊
void Get _ Maopi（）
{
        HX711 _ Buffer＝HX711 _ Read（）；
        Weight _ Maopi＝HX711 _ Buffer；// /200；
        Delay _ ms（50）；
}
//＊＊＊＊＊＊＊＊＊＊＊＊＊＊＊＊＊＊＊＊＊＊＊＊＊＊＊＊
//MS 延时函数（12MHz 晶振下测试）
//＊＊＊＊＊＊＊＊＊＊＊＊＊＊＊＊＊＊＊＊＊＊＊＊＊＊＊＊
void Delay _ ms（unsigned int n）
{
        unsigned int i，j；
        for（i＝0；i＜n；i＋＋）
            for（j＝0；j＜950；j＋＋）；
}
```

⑤ 打开 STC-ISP 软件，选择单片机型号 STC12C5A60S2，选择串口号，打开程序文件→选择 . Hex 文件→点击下载/编程，窗口显示"正在检测目标单片机"，此时需要拨动 MCU 核心板的 S1 开关（置于 OFF 挡），进行上电操作后，程序才能下载到单片机中。

⑥ 程序下载后，MCU 核心板的 S1 拨到 OFF，进行接口连接。将 MCU 核心板的 P16 接口和称重模块的 P1 接口相连。MCU 核心板的 P10 接口和 LCD1602 液晶模块的 P1 接口相连，MCU 核心板的 P13 接口和 LCD1602 液晶模块的 P2 接口相连。

单片机（GTA-GPMA12CA）压力传感器（GTA-GSWX21CA）

P16（P2）----------------------------------P1

单片机　　　　　　　　　　LCD 板（GTA-GDCA11CA）

P10（P0）----------------------------------P1

P13（P1）----------------------------------P2

⑦ 将 MCU 核心板的 S1 拨到 ON 给单片机上电。

⑧ 观察实验现象，在实验结束后进行总结记录。

模块上电后，在 LCD 上显示测量的压力值。

⑨ 将 MCU 核心板的 S1 拨到 OFF，关闭板路电源。

⑩ 关机并清扫卫生。

【问题讨论】 ◄◄◄──

怎么才能调整 A/D 的采样时间？

3.4　简易电话系统设计

【任务描述】 ‹‹‹——

利用 GSM 模块（G3524 芯片），实现一部简易的电话。功能有接电话、打电话、挂电话和发短信功能。

【实训目的】 ‹‹‹——

◇ 掌握 GSM 通信的工作原理。

◇ 掌握 G3524 芯片的使用方法。

◇ 学习 STC12C5A60S2 单片机的编程、程序下载。

【相关知识】 ‹‹‹——

M3-3

（1）GSM 通信模块的工作原理及使用方法（GSM 模块的连接方法见视频二维码 M3-3）

实验模块中使用了 Kingcom 公司提供的 G3524 模块，提供 2 路音频接口，包含一个麦克风输入、一个受话器输出，以及耳机麦克风和耳机听筒。G3524 内嵌 TCP/IP 协议，扩展的 TCP/IPAT 命令使用户方便使用 TCP/IP 协议。

本实验使用一款 GPRS 模块，具有标准 AT 命令接口，可以提供 GSM 语音、TTS、短消息以及 TCP/IP 数传。单片机通过 UART 接口和 G3524 模块进行 AT 指令的解析和控制，实现 GSM 短信和语音的功能。AT 指令集查考 Kingcom _ G 系列 AT 指令集手册。

实验提供了 GSM 通信-电话功能和短信功能两个程序。插上 SIM 卡，模块上电后，单片机给 GSM 通信模块启动脚拉低 2s 后，模块开始运行，串口输出 AT 命令；当 GSM 卡连接到网络后才有打电话和发短信的功能（SIM 卡连接上网络后 GSM 模块 LED4 灯会出现亮 100ms 灭 1900ms 的闪烁），连接之前 LED4 灯亮 100ms 灭 700ms。

电话功能：GSM 模块连接上网络后，外部有电话接入后，模块会给单片机发送 AT 命令"RING"，单片机接到命令后回复"ATA"自动接听电话。单片机前面给模块配置了喇叭为外置通信设备，可以用喇叭进行电话的交流。

短信功能：GSM 模块连接上网络后，按 KB3，发短信，发送指定号码消息"TEST"，指定手机收到测试的数据。

下面列出 GSM 模块状态指示灯：

LED3（左边）STATUS　状态指示灯　当模块开机时，该 LED 灯亮

LED4（右边）NETLIG　网络指示灯　未注册时：亮 100ms 灭 700ms

注册上网络：亮 100ms 灭 1900ms

（2）该实验的电路图

① G3524 电路图，见图 3-14。

② 音频麦克输入和喇叭输出电路图，见图 3-15。

③ SIM 卡电路图，见图 3-16。

【任务实施】 ‹‹‹——

（1）需要实验设备和软件

① 实验设备

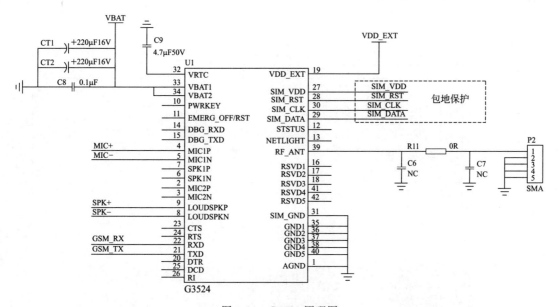

图 3-14 G3524 原理图

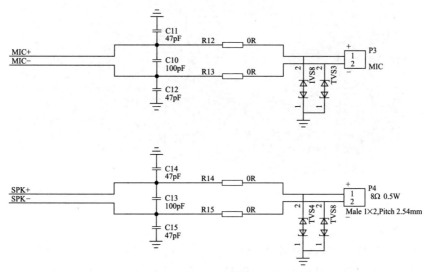

图 3-15 音频麦克输入和喇叭输出电路图

- GTA-GPMA12CA（MCU 核心板），见 2.1 节中图 2-4。
- GTA-GECA11CA（RS-232 下载板），见 2.1 节中图 2-5。
- 10PIN 排线，见 2.1 节中图 2-7。
- 12V 稳压电源，见 2.1 节中图 2-8。
- UT61E 万用表，见 2.1 节中图 2-9。
- GTA-GISO14CA（独立按键），见 2.4 节中图 2-43。
- GTA-GWGK11CA（GSM 通信模块），如图 3-17 所示。

② 软件：Keil 程序编写和 STC-ISP 程序下载软件

- Keil 程序编写软件，见 2.1 节中图 2-10。
- STC-ISP 程序下载软件，见 2.1 节中图 2-11。

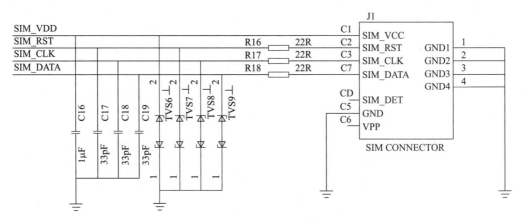

图 3-16　SIM 卡电路图

图 3-17　GTA-GWGK11CA（GSM 通信模块）

（2）实施步骤

① 将 GTA-GPMA12CA（MCU 核心板）、GTA-GECA11CA（RS-232 下载模块）GTA-GWGK11CA（GSM 通信模块）放到实验箱上盖磁性平台上。注意：GSM 模块上的 12V 电源必须接上，这是喇叭的供电电源。

② 将 GTA-GPMA12CA（MCU 核心板）的 P8 接口和 GTA-GECA11CA（RS-232 模块）的 P2 接口相连，RS-232 模块的 S1 拨码开关选择 232 端，将 GTA-GPMA12CA 模块接口 P5 用跳线帽短接。

③ 在上电前（MCU 核心板的拨码开关 S1 置于 OFF 挡），利用数字万用表测量电源和地是否短路状态（测量方法见 2.1 节），如果短路，一定不要上电，待排除短路故障后，方可进行下一步。

④ 利用 Keil 编写 C 程序，并生成 .Hex 文件。

Keil 的一般使用步骤是先建立工程，然后向工程中加入编写的程序文件（是 .c 后缀的 C 语言文件），进行编译（如发现错误要改正错误），生成 .Hex 烧录文件。具体步骤操作参见 2.1 节。

实验程序：

```
/*编译环境 Keil μVision4
硬件环境：GTA-GPMA12CA（核心板）＋ GTA-GDCB11CA（RS-232）＋ GTA-
GWGK11GA（GSM 模块）*/
#include "stc12c5a60s2.h" //头文件
#include <intrins.h>
#include <string.h>
#include <stdio.h>
#define uint unsigned int
#define uchar unsigned char
sbit KEY0＝P2^0；//定义按键 0 KB1 打电话
sbit KEY1＝P2^1；//定义按键 1 KB2 挂断电话
sbit KEY2＝P2^2；//定义按键 2 KB3 发短信息
sbit KEY3＝P2^3；//定义按键 2 KB4 接听电话
sbit LED0＝P0^0；//定义灯 0 网络 ok
sbit LED1＝P0^1；//定义灯 1 电话指示
sbit LED2＝P0^2；//定义灯 2 短信 ok
sbit Power_on＝P3^2；//上电
unsigned int timerCount＝0；//串口中断次数
unsigned short recCount＝0；//串口缓存记数
unsigned char recChar[64]；//串口缓存
volatile unsigned char g3524_call_ready＝0；//SIM 卡注册网络信号
unsigned char ring_sta；
/************************
/// 延时 xx 毫秒
************************/
void delayms（uint z）
{
    uint x，y；
    for（x＝z；x＞0；x--）
        for（y＝950；y＞0；y--）；
}


/*********************
/// 串口初始化
*********************/
void InitUART（void）
{
    PCON &＝0x7F；        //波特率不倍速
    SCON＝0x50；          //8 位数据，可变波特率
```

```
    AUXR |=0x04;              //独立波特率发生器时钟为 Fosc，即 1T
    BRT=0xFD;                 //设定独立波特率发生器重装值
    AUXR |=0x01;              //串口 1 选择独立波特率发生器为波特率发生器
    AUXR=0x10;                //启动独立波特率发生器
    ES=1;                     //允许串口 1 中断
    REN=1;                    //允许接收
}
/* * * * * * * * * * * * * * * * * * * * * * * *
/// 串口发送一个字节
* * * * * * * * * * * * * * * * * * * * * * * * */
void SendOneByte（unsigned char c）
{
    SBUF=c;
    while（! TI）;
    TI=0;
}
/* * * * * * * * * * * * * * * * * * * * * * * *
/// 串口发送字符串
* * * * * * * * * * * * * * * * * * * * * * * * */
void SendString（char * p）
{
    while（* p! ='\0'）
     {
          SendOneByte（* p）;
          p++;
     }
}


/* * * * * * * * * * * * * * * * * * * * * * * *
/// 串口中断执行
* * * * * * * * * * * * * * * * * * * * * * * * */
void UARTInterrupt（void）interrupt 4
{
    if（RI）
     {
        RI=0;
        timerCount=0;         //清零计数器
        TR0=1;
        recChar［recCount］=SBUF;
        recCount++;
```

```
    }
}
/*************************
/// 内部中断 T0 初始化 10ms 触发
*************************/
void InitTimer0（void）
{
    TMOD | =0x01；
    TH0=0xEE；//10ms  DC00
    TL0=0x00；

    ET0=1；
    TR0=0；  //关闭计时
    EA=1；    //开总中断
}
/*************************
/// 内部中断执行
*************************/
void Timer0Interrupt（void）interrupt 1
{
    TH0=0xEE；
    TL0=0x00；

    timerCount++；
    if（timerCount>5）
     {
      if（strstr（recChar，"\r \nAST _ POWERON \r \n"）！=0）
       {
        SendString（"PowerReady…\r \n"）；
        LED0=0；
       }
      else if（strstr（recChar，"\r \nCall Ready \r \n"）！=0）
       {
        SendString（"CallReady. . . \r \n"）；
        g3524 _ call _ ready=1；
        LED0=0；
       }
      else if（strstr（recChar，"\r \nRING \r \n"）！=0）//语音来电信号
       {
        LED1=～LED1；
```

```
        }
        else if（strstr（recChar，"\r \nCONNECT \r \n"）！＝0）
         {
            LED1＝0；
            SendString（"CONNECT…\r \n"）；
         }
        memset（recChar，0，sizeof（recChar））；
        recCount＝0；
        TR0＝0；
      }
}
/＊＊＊＊＊＊＊＊＊＊＊＊＊＊＊＊＊＊＊＊＊＊＊＊＊
/// 模块上电
＊＊＊＊＊＊＊＊＊＊＊＊＊＊＊＊＊＊＊＊＊＊＊＊＊＊／
void POWER _ ON _ G3524（void）
{
    Power _ on＝0；//拉低 G3524 的引脚 PWRKEY
    delayms（10）；//保持 10ms
    Power _ on＝1；//拉高 G3524 的引脚 PWRKEY
    delayms（2000）；//保持 2000ms 使 G3524 上电
//Power _ on＝0；//拉低 G3524 的引脚 PWRKEY，使 G3524 开机
}


/＊＊＊＊＊＊＊＊＊＊＊＊＊＊＊＊＊＊＊＊＊＊＊＊＊
/// 主函数
＊＊＊＊＊＊＊＊＊＊＊＊＊＊＊＊＊＊＊＊＊＊＊＊＊＊／
void main（）
{
    InitUART（）；        //初始化串口
    InitTimer0（）；        //初始化定时器
    POWER _ ON _ G3524（）；//上电，拉低 2s
    while（1！＝g3524 _ call _ ready）；
    SendString（"AT＋CGATT＝1\r \n"）；//模块上电配置信息
    delayms（100）；
    SendString（"AT＋CGDCONT＝1，\ "IP \ "，\ "CMNET \ "\r \n"）；
    delayms（100）；
    SendString（"AT＋CGACT＝1，1\r \n"）；
    delayms（100）；
    SendString（"AT＋SNFS＝2\r \n"）；// 切换到喇叭
    delayms（100）；
```

```
while (1)
 {
    if (g3524 _ call _ ready==1)
     {
        if (KEY0==0)
         {
            delayms (20);
            if (KEY0==0)
             {
                SendString ("ATD13058098700\r \n"); //拨打指定号码电话
                delayms (1000);
             }
            while (! KEY0); //松手检测
         }


        if (KEY1==0)
         {
            delayms (20);
            if (KEY1==0)
             {
                SendString ("ATH \r \n"); //挂电话
                LED1=1; //灭电话灯
                delayms (1000);


             }
            while (! KEY1); //松手检测
         }

    if (KEY2==0)
     {
        delayms (20);
        if (KEY2==0)
         {
            LED2=0; //
            SendString ("AT+CMGF=1\r \n"); //短信模式
            delayms (100);
            SendString ("AT+CMGS=13058098700\r \n"); //发送方电话号码
            delayms (100);
            SendString ("TEST \x01a"); //发送信息 TEST，ctrl+z
            delayms (500);
```

```
                LED2＝1；//
            }
            while（！KEY2）；//松手检测
        }

        if（KEY3＝＝0）
         {
            delayms（20）；
            if（KEY3＝＝0）
             {
                SendString（"ATA \r \n"）；//接电话
                delayms（1000）；
             }
            while（！KEY3）；//松手检测
         }
        }
    }
}
```

⑤ 打开 STC-ISP 软件，选择单片机型号 STC12C5A60S2，选择串口号，打开程序文件→选择 . Hex 文件→点击下载/编程，窗口显示"正在检测目标单片机"，此时需要拨动 MCU 核心板的 S1 开关（置于 OFF 挡），进行上电操作后，程序才能下载到单片机中。

⑥ 程序下载后，MCU 核心板的 S1 拨到 OFF，进行接口连接。将 MCU 核心板的 P8 接口和 GSM 通信模块的 P1 接口相连。MCU 核心板的 P1 接口和 GSM 通信模块的 P5 接口（12V 供电接口）相连，模块插入小 SIM 卡，SIM 卡有缺角的部分靠近电路板外侧，芯片接口朝下（插入或者拔出都会有咔嚓一下）。

单片机（GTA-GPMA12CA）　　　GSM 通信（GTA-GWGK11CA）

P8（P3）-----------------------------------P1

单片机（GTA-GPMA12CA）　　　LED 灯（GTA-GISO14CA）

P10（P0）-----------------------------------P1

P16（P2）-----------------------------------P2

模块 P5 口接单片机 P1 口的 12V 供电电源。

⑦ 将 MCU 核心板的 S1 拨到 ON 给单片机上电。

GSM 模块状态指示灯：

LED3（左边）　　　STATUS　　　状态指示灯　　　当模块开机时，该 LED 灯亮

LED4（右边）　　　NETLIGHT　　网络指示灯

未注册时：亮 100ms 灭 700ms

注册上网络：亮 100ms 灭 1900ms（GSM 卡必须要注册上网络才能用，网络信号差的时候调整模块放置位置）

连接上服务器：100ms 灭 100ms

⑧ 观察实验现象，在实验结束后进行总结记录。

插上 SIM 卡，模块上电后等待 10～20s，SIM 卡连接上网络后 LED1 灯会亮，此时可以拨打电话发短信。

a. 按 KB1，打电话，拨打指定号码，喇叭会发出"嘟嘟"的声音，接通后可以正常通过 mic 和喇叭进行通信，按 KB2 挂断电话。

b. 按 KB3，发短信，发送指定号码消息"TEST"（LED3 指示灯会亮 0.7s，收到消息时间看网络延迟时间）。

c. 当有电话进入的时候，LED2 闪烁，按 KB4 接听电话，连接后 LED2 亮，按 KB2 挂断电话，LED2 灭。

⑨ 将 MCU 核心板的 S1 拨到 OFF，关闭板路电源。

⑩ 关机并清扫卫生。

【问题讨论】 ‹‹‹——

怎么改变打电话和发短信的手机号码？

3.5 机械手控制系统设计

【任务描述】 ‹‹‹——

完成利用按键 KB1～KB6，分别控制 1～6 号舵机。

KB1 每按下一次，1 号舵机运动一次；舵机逆时针运动 6 次后，顺时针运动 1 次，恢复原来状态。

KB2 每按下一次，2 号舵机运动一次；舵机前后来回运动。

KB3 每按下一次，3 号舵机运动一次；舵机向下运动 2 次后，向上运动 1 次，恢复原来状态。

KB4 每按下一次，4 号舵机运动一次；舵机向下运动 2 次后，向上运动 1 次，恢复原来状态。

KB5 每按下一次，5 号舵机运动一次；舵机顺时针运动 3 次后，逆时针运动 1 次，恢复原来状态。

KB6 每按下一次，6 号舵机运动一次；舵机夹子放松夹紧。

【实训目的】 ‹‹‹——

◇ 掌握舵机的使用方法。

◇ 掌握机械手的工作原理。

◇ 学习 STC12C5A60S2 单片机的编程、程序下载。

【相关知识】 ‹‹‹——

① 机械手说明：机械手控制实验采用 6 轴自由度舵机。

机械手臂主要由 6 个伺服电机配合五金结构件构成，主要功能是可以完成机械手的前后、左右、上下抓取搬运等动作，6 个伺服电机采用常用的伺服舵机，具有反应速度快、扭转力矩大、控制方便等特点。

标准的舵机有 3 条导线，分别是：电源线、地线、控制线，电源线和地线用于提供舵机内部的直流电机和控制线路所需的能源．电压通常介于 4～6V，一般取 5V。注意，给舵机供电电源应能提供足够的功率。控制线的输入是一个宽度可调的周期性方波脉冲信号，方波脉冲信号的周期为 20ms（即频率为 50Hz）。当方波的脉冲宽度改变时，舵机转轴的角度发生改变，角度变化与脉冲宽度的变化成正比。角度是由来自控制线的持续的脉冲所产生。这种控制方法叫做脉冲调制。脉冲的长短决定舵机转动多大角度。

② 使用注意事项：

a. 伺服舵机安装在机械结构件上，结构有一定的运动范围，可能小于或者大于伺服舵机的运动角度范围，调试时候注意不要让电机堵转（就是电机卡住，没法再继续向调节的方向转动，往往与结构安装有关），调试机械手爪时候尤其要注意这一点，爪子的张开角度有限，而伺服电机的运动范围很大，最容易使电机堵转，时间稍长，电机就烧毁了。

b. 机械手臂上使用的电机都是大扭矩的，通电或者在操作时注意手不要被夹住。

c. 伺服电机与控制器连接时注意线序，不要插错正负极。伺服舵机的控制线：通常红色为正，黑色或棕色为负，黄色或白色为信号线。

③ 该实验的电路图如图 3-18 所示。

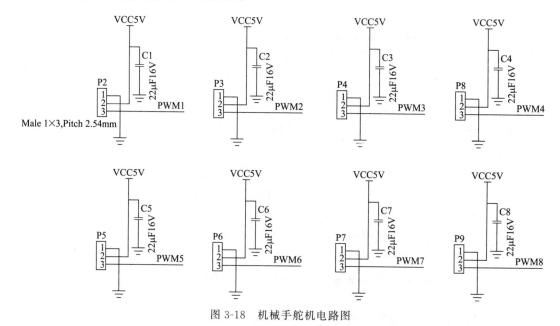

图 3-18　机械手舵机电路图

【任务实施】 ‹‹‹—

（1）需要实验设备和软件

① 实验设备

• GTA-GPMA12CA（MCU 核心板），见 2.1 节中图 2-4。

• GTA-GECA11CA（RS-232 下载板），见 2.1 节中图 2-5。

• 10PIN 排线，见 2.1 节中图 2-7。

• 12V 稳压电源，见 2.1 节中图 2-8。

• UT61E 万用表，见 2.1 节中图 2-9。

• GTA-GISO14CA（LED 灯、独立按键模块），见 2.4 节中图 2-43。

• GTA-GCRES1CA（机械手控制模块），如图 3-19 所示。

② 软件：Keil 程序编写和 STC-ISP 程序下载软件

图 3-19　GTA-GCRES1CA（机械手控制模块）

- Keil 程序编写软件，见 2.1 节中图 2-10。
- STC-ISP 程序下载软件，见 2.1 节中图 2-11。

（2）实施步骤

① 将 GTA-GPMA12CA（MCU 核心板）、GTA-GECA11CA（RS-232 下载模块）、GTA-GCRES1CA（机械手控制模块）、GTA-GISO11CA（LED 灯、独立按键模块）放到实验箱上盖磁性平台上。

② 将 GTA-GPMA12CA（MCU 核心板）的 P8 接口和 GTA-GECA11CA（RS-232 模块）的 P2 接口相连，RS-232 模块的 S1 拨码开关选择 232 端，将 GTA-GPMA12CA 模块接口 P5 用跳线帽短接。

③ 在上电前（MCU 核心板的拨码开关 S1 置于 OFF 挡），利用数字万用表测量电源和地是否短路状态（测量方法见 2.1 节），如果短路，一定不要上电，待排除短路故障后，方可进行下一步。

④ 利用 Keil 编写 C 程序，并生成 .Hex 文件。

Keil 的一般使用步骤是先建立工程，然后向工程中加入编写的程序文件（是 .c 后缀的 C 语言文件），进行编译（如发现错误要改正错误），生成 .Hex 烧录文件。具体步骤操作参见 2.1 节。

实验程序：

```
/* 编译环境：Keil μVision4
   硬件环境：GTA-GPMA12CA（核心板）＋GTA-GCRES1CA（机械手控制模块）＋
GTA-GISO11CA（独立按键）*/
#include" stc12c5a60s2. h"
#define uchar unsigned char
#define uint unsigned int
sbit PIN _ DJ＝P0^0；//舵机 1 信号端口
sbit PIN _ DJ1＝P0^1；//舵机 2 信号端口
```

```
sbit PIN _ DJ2＝P0^2；//舵机 3 信号端口
sbit PIN _ DJ3＝P0^3；//舵机 4 信号端口
sbit PIN _ DJ4＝P0^4；//舵机 5 信号端口
sbit PIN _ DJ5＝P0^5；//舵机 6 信号端口
sbit KEY1＝P1^0；//舵机 1 左转按键端口 KB34
sbit KEY2＝P1^1；//舵机 1 右转按键端口 KB35
sbit KEY3＝P1^2；//舵机 2 左转按键端口 KB36
sbit KEY4＝P1^3；//舵机 2 右转按键端口 KB37
sbit KEY5＝P1^4；//舵机 3 左转按键端口 KB38
sbit KEY6＝P1^5；//舵机 3 右转按键端口 KB39
sbit KEY7＝P1^6；//舵机 4 左转按键端口 KB40
sbit KEY8＝P1^7；//舵机 4 右转按键端口 KB41
uint PWM，PWM1，PWM2，PWM3，PWM4，PWM5；
uint count；
void delay _ ms（unsigned int xms）//延时函数
{
    unsigned int a，b；
    for（a＝xms；a＞0；a--）
    for（b＝950；b＞0；b--）；
}


void InitialTimer（）
{
    TMOD＝0x01；//定时/计数器 1 工作于方式 1
    TH0＝（65535-250）/256；//0.00025ms
    TL0＝（65535-250）%256；
    EA＝1；//开总中断
    ET0＝1；//允许定时/计数器 1 中断
    TR0＝1；//启动定时/计数器 1 中断
}
void control（）//控制舵机函数
{
    if（KEY1＝＝0）//判断按键是否按下
     {
        delay _ ms（10）；
        if（KEY1＝＝0）//确认按下按键
         {
            PWM＋＋；
            count＝0；
            if（PWM＝＝9）{PWM＝2；}
```

```
            while (KEY1==0); //等待按键松手
        }
    }
    if (KEY2==0)
     {
        delay_ms (10);
        if (KEY2==0)
         {
            PWM1++;
            count=0;
            if (PWM1==6) {PWM1=4;}
            while (KEY2==0);
         }
    }


    if (KEY3==0)
     {
        delay_ms (10);
        if (KEY3==0)
         {
        PWM2++;
        count=0;
        if (PWM2==9) {PWM2=6;}
        while (KEY3==0);
     }
}
if (KEY4==0)
{
    delay_ms (10);
    if (KEY4==0)
     {
        PWM3++;
        count=0;
        if (PWM3==10) {PWM3=7;}
        while (KEY4==0);
     }
}
if (KEY5==0)
{
    delay_ms (10);
```

```
        if (KEY5==0)
          {
             PWM4++;
             count=0;
             if (PWM4==10) {PWM4=6;}
             while (KEY5==0);
          }
    }
    if (KEY6==0)
    {
        delay_ms (10);
        if (KEY6==0)
          {
             PWM5++;
             count=0;
             if (PWM5==6) {PWM5=4;}
             while (KEY6==0);
          }
      }
}
void duoji ()
{
    if (count<PWM) {PIN_DJ=1;}
    else {PIN_DJ=0;}

    if (count<PWM1) {PIN_DJ1=1;}
    else {PIN_DJ1=0;}

    if (count<PWM2) {PIN_DJ2=1;}
    else {PIN_DJ2=0;}

    if (count<PWM3) {PIN_DJ3=1;}
    else {PIN_DJ3=0;}

    if (count<PWM4) {PIN_DJ4=1;}
    else {PIN_DJ4=0;}

    if (count<PWM5) {PIN_DJ5=1;}
    else {PIN_DJ5=0;}
}
```

```
void main（void）
{
    PWM＝2；      //舵机初始状态
    PWM1＝4；
    PWM2＝6；
    PWM3＝8；
    PWM4＝6；
    PWM5＝4；
    count＝0；
    InitialTimer（）；
    while（1）
     {
        control（）；
        duoji（）；
     }
}


void Timer0（void）interrupt 1 //定时器中断函数
{
    TH0＝255；// （65535-250）/256；//0.00025s
    TL0＝（65535-250）%256；
    count＋＋；
    count＝count%80；
}
```

　　⑤ 打开 STC-ISP 软件，选择单片机型号 STC12C5A60S2，选择串口号，打开程序文件
→选择 . Hex 文件→点击下载/编程，窗口显示"正在检测目标单片机"，此时需要拨动
MCU 核心板的 S1 开关（置于 OFF 挡），进行上电操作后，程序才能下载到单片机中。

　　⑥ 程序下载后，MCU 核心板的 S1 拨到 OFF，进行硬件接口连接。将 MCU 核心板的
P10 接口和机械手控制模块的 P1 接口相连。MCU 核心板的 P12 接口和独立按键 P2 相连。

单片机（GTA-GPMA12CA）　　　机械手控制（GTA-GCRES1CA）

P10（P0）--P1

单片机　　　　　　　　　　　独立按键（GTA-GISO11CA）

P13（P1）--P2 模块 P5 口 接单片机 P1 口的 12V 供电电源

舵机接口：

橙色　红色　灰色

PWM　VCC　GND

　　⑦ 将 MCU 核心板的 S1 拨到 ON 给单片机上电。

　　⑧ 观察实验现象，在实验结束后进行总结记录。机械手控制系统注意
事项见视频二维码 M3-4。

M3-4

按下按键控制机械手。按键 KB1～KB6 分别控制 1～6 号舵机。

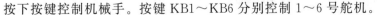

KB1 每按下一次，1 号舵机运动一次；舵机逆时针运动 6 次后，顺时针运动 1 次，恢复原来状态。

KB2 每按下一次，2 号舵机运动一次；舵机前后来回运动。

KB3 每按下一次，3 号舵机运动一次；舵机向下运动 2 次后，向上运动 1 次，恢复原来状态。

KB4 每按下一次，4 号舵机运动一次；舵机向下运动 2 次后，向上运动 1 次，恢复原来状态。

KB5 每按下一次，5 号舵机运动一次；舵机顺时针运动 3 次后，逆时针运动 1 次，恢复原来状态。

KB6 每按下一次，6 号舵机运动一次；舵机夹子反复开关运动。

⑨ 将 MCU 核心板的 S1 拨到 OFF，关闭板路电源。

⑩ 关机并清扫卫生。

【问题讨论】 ◂◂◂—

怎么改变机械手的转动角度和手指夹紧程度？

3.6　电子产品设计大赛训练项目

【任务描述】 ◂◂◂—

以电子产品设计大赛训练题目《超声波测距系统设计》为例。

电子产品设计大赛的任务要求：利用单片机读取超声波传感器信号，测出与前方障碍物距离，在 LCD1602 中显示。完成以下任务：

（1）硬件电路设计

① 利用 Protel 画出原理图和 PCB 板图。

② 根据 PCB 板图，利用制板机制电路板。

③ 焊接器件。

（2）软件设计

① 利用 Keil 软件编写程序。

② 程序下载到制好的电路板中进行调试。

【实训目的】 ◂◂◂—

◇ 掌握 Protel 软件的使用方法。

◇ 掌握直板机的使用方法。

◇ 超声波测距原理。

◇ 学习 STC12C5A60S2 单片机的编程、程序下载及调试方法。

【相关知识】 ◂◂◂—

（1）Protel 99 SE 的使用方法

① 画原理图（原理图操作步骤见视频二维码 M3-5）。

M3-5

a. 启动 Protel。双击桌面上的图标 ，打开 Protel 99 SE 主界面如图 3-20 所示。

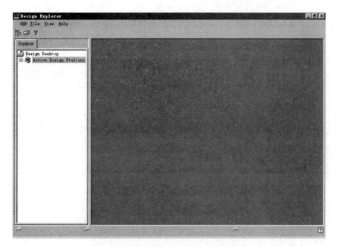

图 3-20 进入 Protel 99 SE 主界面

b. 建立设计数据库。

建立设计数据库操作步骤如图 3-21 所示。

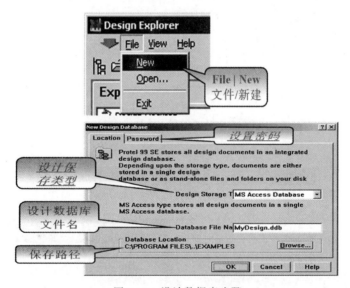

图 3-21 设计数据库步骤

设置好数据库文件名和保存路径，点 "OK"。

c. 新建原理图文件（将文件建在 Documents 文件夹下）如图 3-22 和图 3-23 所示。

图 3-22 新建原理图文件（1）

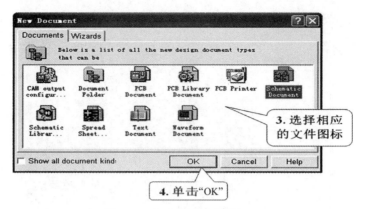

图 3-23　新建原理图文件（2）

d. 原理图文件更名如图 3-24 所示。

图 3-24　原理图文件更名

e. 打开原理图文件如图 3-25 所示。

图 3-25　打开原理图文件

f. 利用元件库管理器放置元件。在软件的左侧，点击"Browse Sch"，出现默认的原理图库文件 Miscellaneous Devices. lib 如图 3-26 所示，这里有常用的电子器件。需要哪个器件，就双击或左键选中再按"Place"，这样就把器件添加到原理图中，如图 3-27 所示。一些特殊的器件需要自己画原理图库文件。

g. 电气连线。选择 Wiring Tools 工具栏如图 3-28 所示，左上角为电气连线。

h. 放置网络标号。如果电气连线比较多，需要放置网络标号。网络标号在电路原理图中具有实际的电气连接作用，只要网络标号相同的网络，不管图上是否连接，表示它们都是连接在一起的。单击 Wiring Tools 工具栏中的 Net1 接钮。

图 3-26 Miscellaneous Devices.lib 库文件

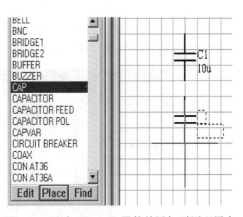

图 3-27 选中"CAP"器件并添加到原理图中

图 3-28 Wiring Tools 工具栏

图 3-29 双击需要添加元件封装名的元件

M3-6

i. 如果需要画 PCB 板图，必须在原理图中添加元件封装名。双击需要添加元件封装名的元件如图 3-29 所示，FootDrint 就是元件封装名。

② 画原理图元件库（原理图库操作步骤见视频二维码 M3-6）。

原理图元件库的建立步骤如图 3-30 和图 3-31 所示。

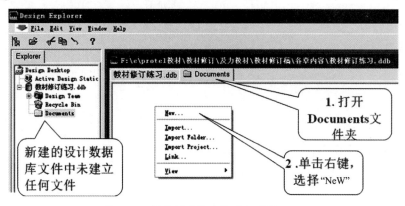

图 3-30　原理图元件库的建立步骤（1）

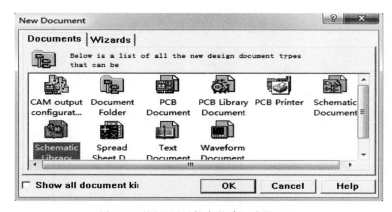

图 3-31　原理图元件库的建立步骤（2）

点击"OK"即可，原理图元件库建完，新建元件点击图 3-32 红圈，起元件名，画元件图就行了。

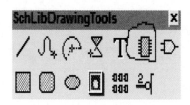

图 3-32　新建元件点击红圈

③ 原理图到 PCB 板转换

a. 建 PCB 文件如图 3-33 和图 3-34 所示。

点击"OK"即可。

b. 原理图到 PCB 板图的转换如图 3-35 所示。

按图 3-36 中的"Execute"按钮。如果原理图没有错误，原理图就会成功导入 PCB

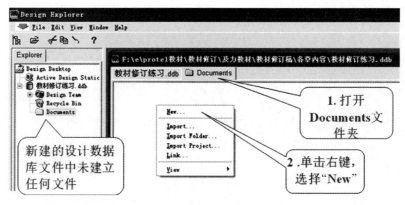

图 3-33 建 PCB 文件（1）

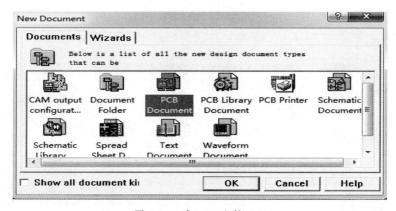

图 3-34 建 PCB 文件（2）

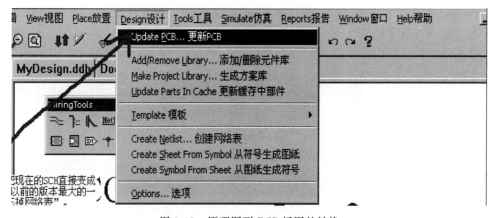

图 3-35 原理图到 PCB 板图的转换

板图。

c. 根据制作的 PCB 板大小画外形框，把转换成功的器件拉到外形框中，再进行手动布线或自动布线，如图 3-37 所示。

④ 画元件的封装，如图 3-38 所示。

点击"OK"即可（图 3-39）。注意画封装在 TopOverlay 层，如图 3-40 所示。

（2）制电路板机器的使用方法

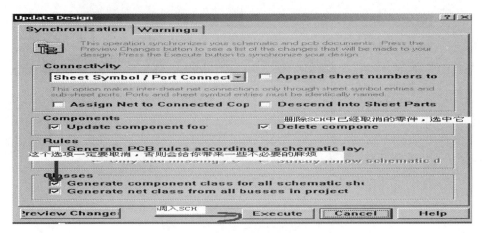

图 3-36　按 "Execute" 按钮

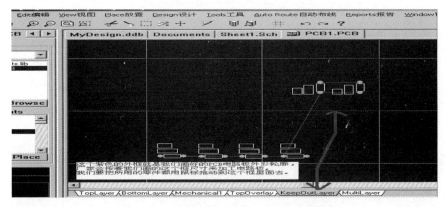

图 3-37　把转换成功的器件拉到外形框中

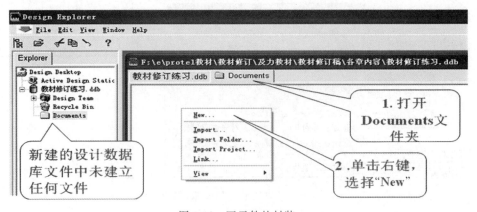

图 3-38　画元件的封装

伺服舵机安装在机械结构件上，结构有一定的运动范围，可能小于或者大于伺服舵机的运动角度范围，调试时注意不要让电机堵转（就是电机卡住，没法再继续向调节的方向转动，往往与结构安装有关），调试机械手爪时尤其要注意这一点，爪子的张开角度有限，而伺服电机的运动范围很大，最容易使电机堵转，时间稍长，电机就烧毁了。

机械手臂上使用的电机都是大扭矩的，通电或者在操作时注意手不要被夹住。

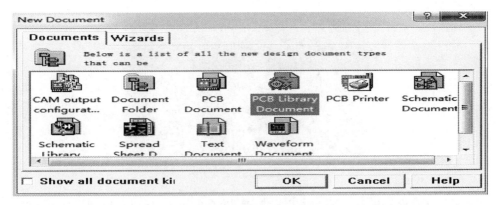

图 3-39 点击 "OK"

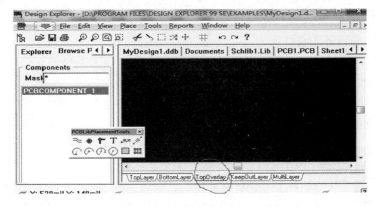

图 3-40 画封装在 TopOverlay 层

伺服电机与控制器连接时候注意线序，不要插错正负极。伺服舵机的控制线：通常红色为正，黑色或棕色为负，黄色或白色为信号线。

（3）超声波测距原理

① 超声波模块 US100 正面和背面图片如图 3-41 和图 3-42 所示。

图 3-41 US100 正面图

US100 模块共有 5 个引脚，1 脚接 VCC，2 脚 TX 接 P1.3，3 脚 RX 接 P1.2，4、5 脚接 GND。

② 超声波模块 US100 控制原理。在 TX 引脚输出 $10\mu s$ 以上的高电平，模块就会启动发出超声波脉冲，然后检测回波信号。模块将距离值转化成 340m/s 的时间的 2 倍，通过 RX

图 3-42　US100 背面图

输出高电平（就是模块从发送到接收超声波 RX 为高电平），所以可以利用此高电平的持续时间来计算距离。即距离值为：（高电平时间×340）/2。

【任务实施】 ◄◄◄◄──

（1）需要实验设备和软件

① 实验设备

• GTA-GPMA12CA（MCU 核心板），见 2.1 节中图 2-4。

• GTA-GECA11CA（RS232 下载板），见 2.1 节中图 2-5。

• 10PIN 排线，见 2.1 节中图 2-7。

图 3-43　Protel 99 SE

• 12V 稳压电源，见 2.1 节中图 2-8。

• UT61E 万用表，见 2.1 节中图 2-9。

• US100 超声波模块，如图 3-41 所示。

② 软件：Keil 程序编写、STC-ISP 程序下载软件和 Protel 画图软件

• Keil 程序编写软件，见 2.1 节中图 2-10。

• STC-ISP 程序下载软件，见 2.1 节中图 2-11。

• 画图软件 Protel 99 SE，如图 3-43 所示。

（2）实施步骤

① 画原理图，如图 3-44 所示。

② 画 PCB 板图，如图 3-45 所示。

③ 制电路板。电路板经过打印、曝光、腐蚀和孔化过程。打印、曝光和腐蚀的过程见视频二维码 M3-7，孔化过程见视频二维码 M3-8。

M3-7

M3-8

④ 焊接器件。

⑤ 利用 Keil 编写 C 程序，并生成 .Hex 文件。

Keil 的一般使用步骤是先建立工程，然后向工程中加入编写的程序文件（是 .c 后缀的 C 语言文件），进行编译（如发现错误要改正错误），生成 .Hex 烧录文件。具体步骤操作参

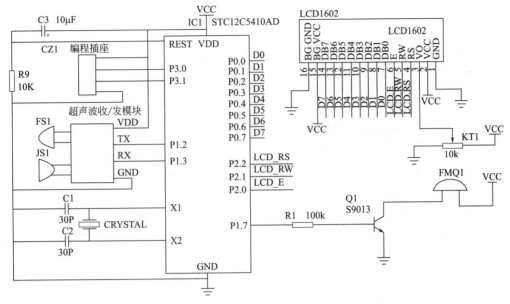

图 3-44　原理图

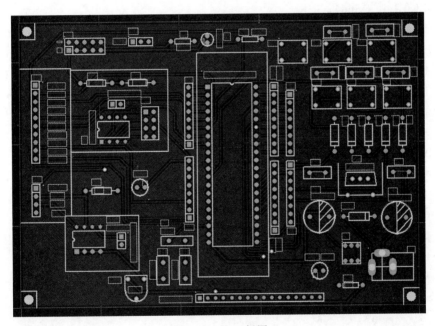

图 3-45　PCB 板图

见 2.1 节。

实验程序：

/＊ 编译环境：Keil μVision4

硬件环境：GTA-GPMA12CA（核心板）＋GTA-GDCA11CA（LCD1602）＋GTA-GSUM11CA（超声波）＊/

＃include"STC12C5A60S2. h"//器件配置文件

＃include"intrins. h"

```
#define LCM _ Data P0
#define Busy 0x80 //用于检测 LCM 状态字中的 Busy 标识
sbit LCM _ RW＝P2^1；//定义 LCD 引脚
sbit LCM _ RS＝P2^0；
sbit LCM _ E＝P2^2；
sbit LCD _ LED＝P2^3；
unsigned char ReadDataLCM（void）；
unsigned char ReadStatusLCM（void）；
unsigned char code mcustudio［］ ＝ {"Measure Distance"}；
unsigned char code email［］ ＝ {"2016"}；
unsigned char code ASCII［15］ ＝ {'0','1','2','3','4','5','6','7','8','9','.','0','M'}；
static unsigned char DisNum＝0；//显示用指针
      unsigned int time＝0；
      unsigned long S＝0；
      bit      flag＝0；
      unsigned char disbuff［4］ ＝ {0，0，0，0，}；
void LCMInit（void）；
void DisplayOneChar（unsigned char X，unsigned char Y，unsigned char DData）；
void DisplayListChar（unsigned char X，unsigned char Y，unsigned char code ＊DData）；
void Delay5Ms（void）；
void Delay400Ms（void）；
void Decode（unsigned char ScanCode）；
void WriteDataLCM（unsigned char WDLCM）；
void WriteCommandLCM（unsigned char WCLCM，BuysC）；
//写数据
void WriteDataLCM（unsigned char WDLCM）
{
    ReadStatusLCM（）；//检测忙
    LCM _ Data＝WDLCM；
    LCD _ LED＝0；
    LCM _ RS＝1；
    LCM _ RW＝0；
    LCM _ E＝0；//若晶振速度太高可以在这后加小的延时
    LCM _ E＝0；//延时
    LCM _ E＝1；
}
//写指令
void WriteCommandLCM（unsigned char WCLCM，BuysC）//BuysC 为 0 时忽略忙
检测
    {
```

```
    if (BuysC) ReadStatusLCM ();//根据需要检测忙
    LCM _ Data＝WCLCM；
    LCM _ RS＝0；
    LCM _ RW＝0；
    LCM _ E＝0；
    LCM _ E＝0；
    LCM _ E＝1；
}
//读数据
unsigned char ReadDataLCM (void)
{
    LCM _ RS＝1；
    LCM _ RW＝1；
    LCM _ E＝0；
    LCM _ E＝0；
    LCM _ E＝1；
    return (LCM _ Data)；
}
//读状态
unsigned char ReadStatusLCM (void)
{
    LCM _ Data＝0xFF；
    LCM _ RS＝0；
    LCM _ RW＝1；
    LCM _ E＝0；
    LCM _ E＝0；
    LCM _ E＝1；
    while (LCM _ Data & Busy)；//检测忙信号
    return (LCM _ Data)；
}
void LCMInit (void) //LCM 初始化
{
    LCM _ Data＝0；
    WriteCommandLCM (0x38，0)；//三次显示模式设置，不检测忙信号
    Delay5Ms ()；
    WriteCommandLCM (0x38，0)；
    Delay5Ms ()；
    WriteCommandLCM (0x38，0)；
    Delay5Ms ()；
    WriteCommandLCM (0x08，1)；//关闭显示
```

```
    Delay5Ms ();
    WriteCommandLCM (0x01, 1); //显示清屏
    Delay5Ms ();
    WriteCommandLCM (0x06, 1); // 显示光标移动设置
    Delay5Ms ();
    WriteCommandLCM (0x0F, 1); // 显示开及光标设置
    Delay5Ms ();
    WriteCommandLCM (0x0c, 0); //显示模式设置：显示开，无光标，光标不闪烁
    Delay5Ms ();
}
//按指定位置显示一个字符
void DisplayOneChar (unsigned char X, unsigned char Y, unsigned char DData)
{
    Y &=0x1;
    X &=0xF; /限制 X 不能大于 15，Y 不能大于 1
    if (Y) X |=0x40; //当要显示第二行时地址码＋0x40;
    X |=0x80; //算出指令码
    WriteCommandLCM (X, 1); //发命令字
    WriteDataLCM (DData); //发数据
}
//按指定位置显示一串字符
void DisplayListChar (unsigned char X, unsigned char Y, unsigned char code * DData)
{
    unsigned char ListLength;
    ListLength=0;
    Y &=0x1;
    X &=0xF; //限制 X 不能大于 15，Y 不能大于 1
    while (DData [ListLength] >0x19) //若到达字串尾则退出
     {
        if (X <=0xF) //X 坐标应小于 0xF
         {
            DisplayOneChar (X, Y, DData [ListLength]); //显示单个字符
            ListLength++;
            X++;
         }
     }
}
//5ms 延时
void Delay5Ms (void)
{
```

```
    unsigned int TempCyc=5552;
    while (TempCyc--);
}
//400ms 延时
void Delay400Ms (void)
{
    unsigned char TempCycA=5;
    unsigned int TempCycB;
    while (TempCycA--)
     {
        TempCycB=7269;
        while (TempCycB--);
     };
}
/* * * * * * * * * * * * 超声波 * * * * * * * * * * * * */
sbit RX=P1^0;            // ECH0
sbit TX=P1^1;            //TRIG
void Conut (void)
{
    time=TH0 * 256+TL0;
    TH0=0;
    TL0=0;
    S= (time * 1.7) /100; //算出来是 CM
    if ( (S>=700) || flag==1) //超出测量范围显示 "-"
     {
        flag=0;
        DisplayOneChar (0, 1, ASCII [11] );
        DisplayOneChar (1, 1, ASCII [10] ); //显示点
        DisplayOneChar (2, 1, ASCII [11] );
        DisplayOneChar (3, 1, ASCII [11] );
        DisplayOneChar (4, 1, ASCII [12] ); //显示 M
     }
    else
     {
        disbuff [0] =S%1000/100;
        disbuff [1] =S%1000%100/10;
        disbuff [2] =S%1000%10 %10;
        DisplayOneChar (0, 1, ASCII [disbuff [0] ] );
        DisplayOneChar (1, 1, ASCII [10] ); //显示点
        DisplayOneChar (2, 1, ASCII [disbuff [1] ] );
```

```
        DisplayOneChar (3, 1, ASCII [disbuff [2] ]);
        DisplayOneChar (4, 1, ASCII [12] ); //显 M
    }
}
/* * * * * * * * * * * * * * * * * * * * * * * * * */
void zd0 () interrupt 1      //T0 中断用来计数器溢出，超过测距范围
{
    flag=1;                          //中断溢出标志
}
/* * * * * * * * * * * * * * * * * * * * * * * * * */
void StartModule ()                    //启动模块
{
    TX=1;                          //启动一次模块
    _ nop _ ();
    _ nop _ ();
    _ nop _ ();
    _ nop _ ();
    _ nop _ ();
    _ nop _ ();
    _ nop _ ();
    _ nop _ ();
    _ nop _ ();
    _ nop _ ();
    _ nop _ ();
    _ nop _ ();
    _ nop _ ();
    _ nop _ ();
    _ nop _ ();
    _ nop _ ();
    _ nop _ ();
    _ nop _ ();
    _ nop _ ();
    _ nop _ ();
    _ nop _ ();
    _ nop _ ();
    TX=0;
}
/* * * * * * * * * * * * * * * * * * * * * * * * * */
void delayms (unsigned int ms)
{
    unsigned char i=100, j;
```

```
    for (; ms; ms--)
      {
        while (--i)
          {
            j=10;
            while (--j);
          }
      }
}
/* * * * * * * * * * * * * * * * * * * * * * * * * */
void main (void)
{
    unsigned char TempCyc;
    Delay400Ms (); //启动等待，等 LCM 进入工作状态
    LCMInit (); //LCM 初始化
    Delay5Ms (); //延时片刻
    DisplayListChar (0, 0, mcustudio);
    DisplayListChar (0, 1, email);
    ReadDataLCM ();
    for (TempCyc=0; TempCyc<10; TempCyc++)
    Delay400Ms (); //延时
    DisplayListChar (0, 1, Cls);
    while (1)
      {
        TMOD=0x01; //设 T0 为方式 1，GATE=1;
        TH0=0;
        TL0=0;
        ET0=1; //允许 T0 中断
        EA=1; //开启总中断
        while (1)
          {
            StartModule ();
            DisplayOneChar (0, 1, ASCII [0] );
            while (! RX);          //当 RX 为零时等待
            TR0=1;                 //开启计数
            while (RX);            //当 RX 为 1 计数并等待
            TR0=0;                 //关闭计数
            Conut ();              //计算
            delayms (600);         //80ms
          }
```

```
        }
    }
```

⑥ 焊好的电路板上电。

a. 上电之前先检查电路板上有无短路现象。

b. 利用以前实验好的小程序先下载，看是否好用。

⑦ 下载编写好的超声波测距程序进行调试，看现象，查找原因。

【问题讨论】 «←——

怎么实现超声波水下测距？

附录1 本书二维码信息库

本书二维码信息库见附表 1-1。

附表 1-1 二维码信息库

编号	信息名称	信息简介	二维码
M1-1	实验箱电源的注意事项	视频对实验箱中两个电源 12V 和 24V 的使用进行说明	
M2-1	复位电路的设计方法	视频主要介绍了单片机最小系统中上电复位电路的电阻和电容的选用方法	
M2-2	晶振电路的设计方法	视频主要介绍了单片机最小系统中上晶振电路的晶振和起振电容的选用方法	
M2-3	UT61E 数字万用表的使用方法	视频以 UT61E 数字万用表为例,演示万用表的使用方法	
M2-4	单片机实验箱的使用方法	视频主要介绍了单片机实验箱开箱、防振泡沫的放置方法及所用实验项目都需要搭建的核心板和下载板的连接及使用方法	

续表

编号	信息名称	信息简介	二维码
M2-5	电路板短路的测试方法	视频介绍了利用万用表的蜂鸣器挡测量电路板短路的方法,为学生以后测量短路故障提供了方法	
M2-6	Keil 操作步骤	视频介绍了利用 Keil 软件进行单片机编程的操作方法。包括建工程、编程序、往工程中添加程序和生成 .HEX 文件的方法	
M2-7	STC-ISP 软件的使用方法	视频介绍了 STC-ISP 软件的设置及下载方法	
M2-8	数码管引脚定义的测量	视频介绍了利用万用表测量数码管引脚定义的方法	
M2-9	数码管位码控制原理	视频介绍了数码管动态显示中利用 74HC138 进行位码控制的原理	
M2-10	Reg52.h 的作用	视频介绍了 REG52.H 头文件的存储地点,阐述了调用该头文件的作用	
M2-11	蜂鸣器引脚识别及控制方法	视频中介绍了直流蜂鸣器的引脚定义及控制方法	
M2-12	Sbit 语句的使用方法	视频中介绍了 sbit 语句的作用及使用方法	
M2-13	单片机引脚位定义的注意事项	视频中介绍了引脚定义的书写格式	

编号	信息名称	信息简介	二维码
M2-14	中断服务函数的编程格式	视频中介绍了单片机中断源对应中断号的排列,进而使学生更容易理解中断服务函数的编程格式	
M2-15	While(1)的使用方法	视频中介绍了 while(1)语句的作用及使用方法	
M2-16	定时器中断服务函数的写法	视频中介绍了定时器中断服务函数的书写格式及注意事项	
M2-17	定时器定时中断利用 Keil μVision4 软件进行模拟调试	视频中利用 Keil 对 C 语言程序定时器中断设置是否正确进行模拟调试,为学生提供了定时器调试的方法,也对单片机调试积累了经验	
M2-18	工作方式寄存器 TMOD 的设置方法	视频中介绍了 TMOD 寄存器的设置方法及各位的作用	
M2-19	示波器的使用方法	视频介绍了数字示波器的开机、探针的连接以及对所测波形的幅值、占空比和波形的显示位置的调试	
M2-20	TCON 的设置方法	视频介绍了 TCON 寄存器的设置方法及各位的作用	
M2-21	光电编码器测量电机转速的原理	视频介绍了光电编码器的测速原理及安装方法	
M3-1	DS18B20 的使用方法	视频介绍了 DS18B20 的引脚功能、使用方法及电路连接的注意事项	

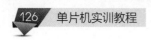

编号	信息名称	信息简介	二维码
M3-2	继电器的测量方法	视频介绍了继电器的线圈及常开、常闭的测量方法	
M3-3	GSM 模块的连接方法	视频介绍了 GSM 模块在电路中的连接方法及注意事项	
M3-4	机械手控制系统注意事项	视频介绍了在机械手上电时的注意事项	
M3-5	原理图操作步骤	视频介绍了原理图的建立及注意事项	
M3-6	原理图库操作步骤	视频介绍了原理图库的建立方法	
M3-7	打印、曝光和腐蚀的过程	视频演示了打印、曝光和腐蚀的过程及每一阶段的方法和时间	
M3-8	孔化过程	视频演示了孔化的过程、方法和时间	

附录 2　STC12C5A60S2 资料

　　STC12C5A60S2/AD/PWM 系列单片机是宏晶科技生产的单时钟/机器周期（1T）的单片机，是高速/低功耗/超强抗干扰的新一代 8051 单片机，指令代码完全兼容传统 8051，但速度快 8～12 倍。内部集成 MAX810 专用复位电路，2 路 PWM，8 路高速 10 位 A/D 转换（250ks/s），针对电机控制，强干扰场合。

　　（1）STC12C5A60S2 功能

　　① 增强型 8051 CPU，1T，单时钟/机器周期，指令代码完全兼容传统 8051。

② 工作电压：STC12C5A60S2 系列工作电压 5.5～3.3V（5V 单片机），STC12LE5A60S2 系列工作电压 3.6～2.2V（3V 单片机）。

③ 工作频率范围：0～35MHz，相当于普通 8051 的 0～420MHz。

④ 用户应用程序空间 8KB/16KB/20KB/32KB/40KB/48KB/52KB/60KB/62KB。

⑤ 片上集成 1280 字节 RAM。

⑥ 通用 I/O 口（36/40/44 个），复位后为准双向口/弱上拉（普通 8051 传统 I/O 口），可设置成四种模式：准双向口/弱上拉，推挽/强上拉，仅为输入/高阻，开漏，每个 I/O 口驱动能力均可达到 20mA，但整个芯片最大不要超过 120mA。

⑦ ISP（在系统可编程）/IAP（在应用可编程），无需专用编程器，无需专用仿真器，可通过串口（P3.0/P3.1）直接下载用户程序，数秒即可完成一片。

⑧ 有 EEPROM 功能（STC12C5A62S2/AD/PWM 无内部 EEPROM）。

⑨ 内部集成 MAX810 专用复位电路（外部晶体 12MHz 以下时，复位脚可直接 1kΩ 电阻到地）。

⑩ 外部掉电检测电路：在 P4.6 口有一个低压门槛比较器，5V 单片机为 1.32V，误差为 ±5%，3.3V 单片机为 1.30V，误差为 ±3%。

⑪ 时钟源：外部高精度晶体/时钟，内部 R/C 振荡器（温漂为 ±5%～±10% 以内）1 用户在下载用户程序时，可选择是使用内部 R/C 振荡器还是外部晶体/时钟，常温下内部 R/C 振荡器频率：5.0V 单片机为 11～15.5MHz，3.3V 单片机为 8～12MHz，精度要求不高时，可选择使用内部时钟，但因为有制造误差和温漂，以实际测试为准。

⑫ 共 4 个 16 位定时器两个与传统 8051 兼容的定时/计数器，16 位定时器 T0 和 T1，没有定时器 2，但有独立波特率发生器作串行通信的波特率发生器，再加上 2 路 PCA 模块可再实现 2 个 16 位定时器。

⑬ 2 个时钟输出口，可由 T0 的溢出在 P3.4/T0 输出时钟，可由 T1 的溢出在 P3.5/T1 输出时钟。

⑭ 外部中断 I/O 口 7 路，传统的下降沿中断或低电平触发中断，并新增支持上升沿中断的 PCA 模块，Power Down 模式可由外部中断唤醒，INT0/P3.2，INT1/P3.3，T0/P3.4，T1/P3.5，RxD/P3.0，CCP0/P1.3（也可通过寄存器设置到 P4.2），CCP1/P1.4（也可通过寄存器设置到 P4.3）。

⑮ PWM（2 路）/PCA（可编程计数器阵列，2 路）：

——也可用来当 2 路 D/A 使用；

——也可用来再实现 2 个定时器；

——也可用来再实现 2 个外部中断（上升沿中断/下降沿中断均可分别或同时支持）。

⑯ A/D 转换，10 位精度 ADC，共 8 路，转换速率可达 250ks/s（每秒钟 25 万次），通用全双工异步串行口（UART），由于 STC12 系列是高速的 8051，可再用定时器或 PCA 软件实现多串口。

⑰ STC12C5A60S2 系列有双串口，后缀有 S2 标志的才有双串口，RxD2/P1.2（可通过寄存器设置到 P4.2），TxD2/P1.3（可通过寄存器设置到 P4.3）。

⑱ 工作温度范围：-40～+85℃（工业级）/0～75℃（商业级）。封装：PDIP-40，LQFP-44，LQFP-48 I/O 口不够时，可用 2～3 根普通 I/O 口线外接 74HC164/165/595（均可级联）来扩展 I/O 口，还可用 A/D 做按键扫描来节省 I/O 口，或用双 CPU，三线通信，

还多了串口。

（2）STC12C5A60S2 特点

STC12C5A60S2 是 8051 系列单片机，与普通 51 单片机相比有以下特点：

① 同样晶振的情况下，速度是普通 51 单片机的 8～12 倍。

② 有 8 路 10 位 A/D。

③ 多了两个定时器，带 PWM 功能。

④ 有 SPI 接口。

⑤ 有 EEPROM。

⑥ 有 1KB 内部扩展 RAM。

⑦ 有 WATCH _ DOG。

⑧ 多一个串口。

⑨ I/O 口可以定义，有四种状态。

⑩ 中断优先级有四种状态可定义。

（3）引脚功能

引脚功能如附图 2-1 所示。

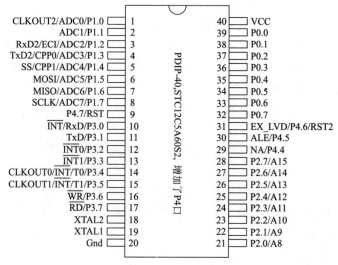

附图 2-1　引脚功能

① VCC：供电电压。

② GND：接地。

③ P0 口：P0 口为一个 8 位漏级开路双向 I/O 口，每个引脚可吸收 8TTL 门电流。当 P0 口的引脚写"1"时，被定义为高阻输入。P0 能够用于外部程序数据存储器，它可以被定义为数据/地址的第 8 位。在 FLASH 编程时，P0 口作为原码输入口，当 FLASH 进行校验时，P0 输出原码，此时 P0 外部电位必须被拉高。

④ P1 口：P1 口是一个内部提供上拉电阻的 8 位双向 I/O 口，P1 口缓冲器能接收输出 4TTL 门电流。P1 口引脚写入"1"后，电位被内部上拉为高，可用作输入，P1 口被外部下拉为低电平时，将输出电流，这是由于内部上拉的缘故。在 FLASH 编程和校验时，P1 口作为第 8 位地址接收。

⑤ P2 口：P2 口为一个内部上拉电阻的 8 位双向 I/O 口，P2 口缓冲器可接收，输出 4

个 TTL 门电流，当 P2 口被写"1"时，其引脚电位被内部上拉电阻拉高，且作为输入。作为输入时，P2 口的引脚电位被外部拉低，将输出电流，这是由于内部上拉的缘故。P2 口当用于外部程序存储器或 16 位地址外部数据存储器进行存取时，P2 口输出地址的高 8 位。在给出地址"1"时，它利用内部上拉的优势，当对外部 8 位地址数据存储器进行读写时，P2 口输出其特殊功能寄存器的内容。P2 口在 FLASH 编程和校验时接收高 8 位地址信号和控制信号。

⑥ P3 口：P3 口引脚是 8 个带内部上拉电阻的双向 I/O 口，可接收输出 4 个 TTL 门电流。当 P3 口写入"1"后，它们被内部上拉为高电平，并用作输入。作为输入时，由于外部下拉为低电平，P3 口将输出电流（ILL），也是由于上拉的缘故。P3 口也可作为 AT89C51 的一些特殊功能口：

P3.0：RXD（串行输入口）。

P3.1：TXD（串行输出口）。

P3.2：INT0（外部中断 0）。

P3.3：INT1（外部中断 1）。

P3.4：T0（计时器 0 外部输入）。

P3.5：T1（计时器 1 外部输入）。

P3.6：WR（外部数据存储器写选通）。

P3.7：RD（外部数据存储器读选通）。

同时 P3 口同时为闪烁编程和编程校验接收一些控制信号。

⑦ RST：复位输入。当振荡器复位器件时，要保持 RST 脚两个机器周期的高电平时间。

⑧ ALE / PROG：当访问外部存储器时，地址锁存允许的输出电平用于锁存地址的低位字节。在 FLASH 编程期间，此引脚用于输入编程脉冲。在平时，ALE 端以不变的频率周期输出正脉冲信号，此频率为振荡器频率的 1/6。因此它可用作对外部输出的脉冲或用于定时目的。然而要注意的是：每当用作外部数据存储器时，将跳过一个 ALE 脉冲。如想禁止 ALE 的输出可在 SFR8EH 地址上置 0。此时，ALE 只有在执行 MOVX，MOVC 指令时 ALE 才起作用。另外，该引脚被略微拉高。如果微处理器在外部执行状态 ALE 禁止，置位无效。

⑨ PSEN：外部程序存储器的选通信号。在由外部程序存储器取址期间，每个机器周期 PSEN 两次有效。但在访问内部部数据存储器时，这两次有效的 PSEN 信号将不出现。

⑩ EA/VPP：当 EA 保持低电平时，访问外部 ROM；注意加密方式 1 时，EA 将内部锁定为 RESET；当 EA 端保持高电平时，访问内部 ROM。在 FLASH 编程期间，此引脚也用于施加 12V 编程电源（VPP）。

⑪ XTAL1：反向振荡放大器的输入及内部时钟工作电路的输入。

⑫ XTAL2：来自反向振荡器的输出。

（4）STC12C5A60S2 单片机的片内 A/D 转换器

传统的单片机只能处理数字量信息，但在应用中经常需要处理一些连续变化的模拟量，例如温度、流量、电压、频谱等，这就需要先经过 A/D 转换转变成单片机可以处理的数字量。STC90C58AD、STC12C5A60S2、STC12C5410AD 等单片机内部集成了 8 路 10 位 A/D 转换电路，转换速率可达到 250kHz（25 万次/s），即转换周期为 $4\mu s$。

① A/D 转换的内部结构如附图 2-2 所示。

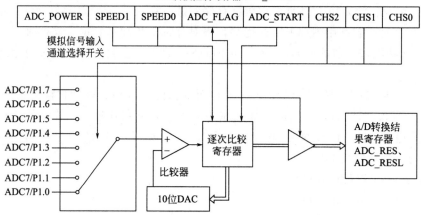

附图 2-2　A/D 转换的内部结构

STC12C5A60S2 单片机的 A/D 转换的输入端在 P1 口（P1.7～P1.0），上电复位后，P1 口为弱上拉，用户可以通过程序将 8 路中的任何一路设置为 A/D 转换，不需作为 A/D 使用的口可继续作为 I/O 口使用。

② A/D 转换器的相关寄存器：

- P1 口模拟功能控制寄存器 P1ASF。
- A/D 转换器控制寄存器 ADC＿CONTR。
- A/D 转换结果寄存器 ADC＿RES、ADC＿RESL。
- 辅助寄存器 AUXR1。
- 与 A/D 中断有关的寄存器 IE、IPH 和 IP。

a. P1 口模拟功能控制寄存器 P1ASF（地址 9DH）如附表 2-1 所示。

附表 2-1　P1ASF

D7	D6	D5	D4	D3	D2	D1	D0
P17ASF	P16ASF	P15ASF	P14ASF	P13ASF	P12ASF	P11ASF	P10ASF

当 P1 口中某引脚要作为 A/D 使用时，要将 P1ASF 寄存器中该引脚所对应的位置 1，即该引脚设置为模拟功能；通过 MOV P1ASF，♯DATA 指令实现。

b. ADC 控制寄存器 ADC＿CONTR（地址 BCH）如附表 2-2 所示。

启动 A/D 转换之前一定要保证 A/D 转换器的电源已打开，并且首次开启内部 A/D 转换电源时，需要适当的延时，等内部电源稳定后，再启动 A/D 转换。A/D 转换结束后关闭 A/D 转换器的电源可降低功耗。

附表 2-2　ADC＿CONTR

D7	D6	D5	D4	D3	D2	D1	D0
ADC_POWER	SPEED1	SPEED0	ADC_FLAG	ADC_START	CHS2	CHS1	CHS0

CHS2、CHS1、CHS0：模拟输入通道选择。当 CHS2、CHS1、CHS0 三位取不同的值时，选择 P1 口不同的引脚作为模拟输入通道，具体情况如附表 2-3 所示。

附表 2-3   CHS2、CHS1 和 CHS0

CHS2	CHS1	CHS0	模拟输入通道选择
0	0	0	P1.0 作为 A/D 输入
0	0	1	P1.1 作为 A/D 输入
0	1	0	P1.2 作为 A/D 输入
0	1	1	P1.3 作为 A/D 输入
1	0	0	P1.4 作为 A/D 输入
1	0	1	P1.5 作为 A/D 输入
1	1	0	P1.6 作为 A/D 输入
1	1	1	P1.7 作为 A/D 输入

ADC_START：转换启动控制位。将该位设置为 1 时，启动转换。转换结束后，该位自动清 0。下次需要启动 A/D 转换时，必须再次将该位置 1。

ADC_FLAG：A/D 转换器转换结束标志位，当 A/D 转换完成后，硬件自动将 ADC_FLAG 置 1，但要通过程序将其清 0。

SPEED1、SPEED0：转换速度控制位。对 SPEED1、SPEED0 两位取不同的值时，A/D 转换所需的时间不同，具体情况见附表 2-4。

附表 2-4   SPEED1、SPEED0 两位取不同的值时 A/D 转换所需时间

SPEED1	SPEED0	A/D 转换所需时间	SPEED1	SPEED0	A/D 转换所需时间
1	1	90 个时钟周期转换一次	0	1	360 个时钟周期转换一次
1	0	180 个时钟周期转换一次	0	0	540 个时钟周期转换一次

ADC_POWER：A/D 转换器的电源控制位。当该位为 1 时，开启 A/D 转换器电源；当该位为 0 时，关闭 A/D 转换器电源。

c. A/D 转换结果寄存器 ADC_RES、ADC_RESL

（地址 0BDH、0BEH）用于保存 A/D 转换结果。

当辅助寄存器 AUXR1 中 ADRJ（A/D 转换结果寄存器的数据格式调整控制）位为 0 时，10 位 A/D 转换结果的高 8 位存放在 ADC_RES 中，低 2 位存放在 ADC_RESL 的低 2 位中。ADRJ 位为 1 时，10 位 A/D 转换结果的高 2 位存放在 ADC_RES 寄存器的低 2 位中，低 8 位存放在 ADC_RESL 寄存器中。

附录 3   LCD1602 资料

1602LCD 采用标准的 14 脚（无背光）或 16 脚（带背光）接口，各引脚接口说明如附表 3-1 所示。

附表 3-1   各引脚接口说明

编号	符号	引脚说明	编号	符号	引脚说明
1	VSS	电源地	9	D2	数据
2	VDD	电源正极	10	D3	数据
3	VL	液晶显示偏压	11	D4	数据
4	RS	数据/命令选择	12	D5	数据
5	R/W	读/写选择	13	D6	数据
6	E	使能信号	14	D7	数据
7	D0	数据	15	BLA	背光源正极
8	D1	数据	16	BLK	背光源负极

控制指令如附表 3-2 所示。

附表 3-2　控制指令

序号	指令	RS	R/W	D7	D6	D5	D4	D3	D2	D1	D0
1	清显示	0	0	0	0	0	0	0	0	0	1
2	光标返回	0	0	0	0	0	0	0	0	1	*
3	置输入模式	0	0	0	0	0	0	0	1	I/D	S
4	显示开/关控制	0	0	0	0	0	0	1	D	C	B
5	光标或字符移位	0	0	0	0	0	1	S/C	R/L	*	*
6	置功能	0	0	0	0	1	DL	N	F	*	*
7	置字符发生存储器地址	0	0	0	1	字符发生存储器地址					
8	置数据存储器地址	0	0	1	显示数据存储器地址						
9	读忙标志或地址	0	1	BF	计数器地址						
10	写数到 CGRAM 或 DDRAM	1	0	要写的数据内容							
11	从 CGRAM 或 DDRAM 读数	1	1	读出的数据内容							

LCD1602 内部地址如附图 3-1 所示。

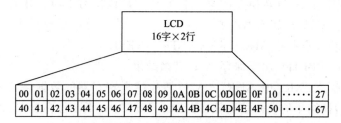

附图 3-1　LCD1602 内部显示地址

LCD1602 的一般初始化（复位）过程：

写指令 38H：显示模式设置。

写指令 08H：显示关闭。

写指令 01H：显示清屏。

写指令 06H：显示光标移动设置。

写指令 0CH：显示开及光标设置。

附录 4　常用元器件主要参数

（1）电阻器

1）电阻器的型号命名方法

国产电阻器的型号由四部分组成（不适用敏感电阻）。

第一部分：主称，用字母表示，表示产品的名字。如 R—电阻，W—电位器。

第二部分：材料，用字母表示，表示电阻体用什么材料组成，T—碳膜、H—合成碳膜、S—有机实心、N—无机实心、J—金属膜、Y—氮化膜、C—沉积膜、I—玻璃釉膜、X—线绕。

第三部分：分类，一般用数字表示，个别类型用字母表示，表示产品属于什么类型。1—普通、2—普通、3—超高频、4—高阻、5—高温、6—精密、7—精密、8—高压、9—特殊、G—高功率、T—可调。

第四部分：序号，用数字表示，表示同类产品中不同品种，以区分产品的外形尺寸和性能指标等。

例如：ＲＴ１１型普通碳膜电阻器。

2）电阻器的分类

① 线绕电阻器：通用线绕电阻器、精密线绕电阻器、大功率线绕电阻器、高频线绕电阻器。

② 薄膜电阻器：碳膜电阻器、合成碳膜电阻器、金属膜电阻器、金属氧化膜电阻器、化学沉积膜电阻器、玻璃釉膜电阻器、金属氮化膜电阻器。

③ 实心电阻器：无机合成实心碳质电阻器、有机合成实心碳质电阻器。

④ 敏感电阻器：压敏电阻器、热敏电阻器、光敏电阻器、力敏电阻器、气敏电阻器、湿敏电阻器。

3）主要特性参数

① 标称阻值：电阻器上面所标示的阻值。

② 允许误差：标称阻值与实际阻值的差值跟标称阻值之比的百分数称阻值偏差，它表示电阻器的精度。

允许误差与精度等级对应关系如下：±0.5%—0.05、±1%—0.1（或00）、±2%—0.2（或0）、±5%—Ⅰ级、±10%—Ⅱ级、±20%—Ⅲ级

③ 额定功率：在正常的大气压力 90～106.6kPa 及环境温度为−55～+70℃的条件下，电阻器长期工作所允许耗散的最大功率。

线绕电阻器额定功率系列为（W）：1/20、1/8、1/4、1/2、1、2、4、8、10、16、25、40、50、75、100、150、250、500

非线绕电阻器额定功率系列为（W）：1/20、1/8、1/4、1/2、1、2、5、10、25、50、100

④ 额定电压：由阻值和额定功率换算出的电压。

⑤ 最高工作电压：允许的最大连续工作电压。在低气压工作时，最高工作电压较低。

⑥ 温度系数：温度每变化1℃所引起的电阻值的相对变化。温度系数越小，电阻的稳定性越好。阻值随温度升高而增大的为正温度系数，反之为负温度系数。

⑦ 老化系数：电阻器在额定功率长期负荷下，阻值相对变化的百分数，它是表示电阻器寿命长短的参数。

⑧ 电压系数：在规定的电压范围内，电压每变化 1V，电阻器的相对变化量。

⑨ 噪声：产生于电阻器中的一种不规则的电压起伏，包括热噪声和电流噪声两部分，热噪声是由于导体内部不规则的电子自由运动，使导体任意两点的电压不规则变化。

4）电阻器阻值标示方法

① 直标法：用数字和单位符号在电阻器表面标出阻值，其允许误差直接用百分数表示，若电阻上未注偏差，则均为±20%。

② 文字符号法：用阿拉伯数字和文字符号两者有规律的组合来表示标称阻值，其允许

偏差也用文字符号表示。符号前面的数字表示整数阻值，后面的数字依次表示第一位小数阻值和第二位小数阻值。

表示允许误差的文字符号：

文字符号：D、F、G、J、K、M；

允许偏差：±0.5%、±1%、±2%、±5%、±10%、±20%。

③ 数码法：在电阻器上用三位数码表示标称值的标识方法。数码从左到右，第一、二位为有效值，第三位为指数，即零的个数，单位为欧（Ω）。偏差通常采用文字符号表示。

④ 色标法：用不同颜色的带或点在电阻器表面标出标称阻值和允许偏差。国外电阻大部分采用色标法。

黑—0、棕—1、红—2、橙—3、黄—4、绿—5、蓝—6、紫—7、灰—8、白—9、金—±5%、银—±10%、无色—±20%

当电阻为四环时，最后一环必为金色或银色，前两位为有效数字，第三位为乘方数，第四位为偏差。当电阻为五环时，最后一环与前面四环距离较大。前三位为有效数字，第四位为乘方数，第五位为偏差。

5）常用电阻器

① 电位器　电位器是一种机电元件，它靠电刷在电阻体上的滑动，取得与电刷位移成一定关系的输出电压。

a. 合成碳膜电位器　电阻体是用经过研磨的炭黑、石墨、石英等材料涂敷于基体表面而成，该工艺简单，是目前应用最广泛的电位器。特点是分辨力高，耐磨性好，寿命较长。缺点是电流噪声，非线性大，耐潮性以及阻值稳定性差。

b. 有机实心电位器　有机实心电位器是一种新型电位器，它是用加热塑压的方法，将有机电阻粉压在绝缘体的凹槽内。有机实心电位器与碳膜电位器相比具有耐热性好、功率大、可靠性高、耐磨性好的优点，但温度系数大、动噪声大、耐潮性能差、制造工艺复杂、阻值精度较差，在小型化、高可靠、高耐磨性的电子设备以及交、直流电路中用作调节电压、电流。

c. 金属玻璃铀电位器　用丝网印刷法按照一定图形，将金属玻璃铀电阻浆料涂覆在陶瓷基体上，经高温烧结而成。特点是：阻值范围宽，耐热性好，过载能力强，耐潮，耐磨等都很好，是很有前途的电位器品种，缺点是接触电阻和电流噪声大。

d. 绕线电位器　绕线电位器是将康铜丝或镍铬合金丝作为电阻体，并把它绕在绝缘骨架上制成。绕线电位器特点是接触电阻小，精度高，温度系数小，其缺点是分辨力差，阻值偏低，高频特性差。主要用作分压器、变阻器、仪器中调零和工作点等。

e. 金属膜电位器　金属膜电位器的电阻体可由合金膜、金属氧化膜、金属箔等分别组成。特点是分辨力高、耐高温、温度系数小、动噪声小、平滑性好。

f. 导电塑料电位器　用特殊工艺将DAP（邻苯二甲酸二 烯丙酯）电阻浆料覆在绝缘机体上，加热聚合成电阻膜，或将DAP电阻粉热塑压在绝缘基体的凹槽内形成的实心体作为电阻体。特点是：平滑性好、分辨力优异、耐磨性好、寿命长、动噪声小、可靠性极高、耐化学腐蚀。用于宇宙装置、导弹、飞机雷达天线的伺服系统等。

g. 带开关的电位器　有旋转式开关电位器、推拉式开关电位器、推拉开关式电位器。

h. 预调式电位器　预调式电位器在电路中，一旦调试好，用蜡封住调节位置，在一般情况下不再调节。

i. 直滑式电位器　采用直滑方式改变电阻值。

j. 双连电位器　有异轴双连电位器和同轴双连电位器。

k. 无触点电位器　无触点电位器消除了机械接触，寿命长、可靠性高，分光电式电位器、磁敏式电位器等。

② 实心碳质电阻器　用碳质颗粒状导电物质、填料和黏合剂混合制成一个实体的电阻器。

特点：价格低廉，但其阻值误差、噪声电压都大，稳定性差，目前较少用。

③ 绕线电阻器　用高阻合金线绕在绝缘骨架上制成，外面涂有耐热的釉绝缘层或绝缘漆。

绕线电阻具有较低的温度系数，阻值精度高，稳定性好，耐热耐腐蚀，主要做精密大功率电阻使用，缺点是高频性能差，时间常数大。

④ 薄膜电阻器　用蒸发的方法将一定电阻率材料蒸镀于绝缘材料表面制成。主要如下：

a. 碳膜电阻器　将结晶碳沉积在陶瓷棒骨架上制成。碳膜电阻器成本低、性能稳定、阻值范围宽、温度系数和电压系数低，是目前应用最广泛的电阻器。

b. 金属膜电阻器　用真空蒸发的方法将合金材料蒸镀于陶瓷棒骨架表面。

金属膜电阻器比碳膜电阻器的精度高，稳定性好，噪声、温度系数小，在仪器仪表及通信设备中大量采用。

c. 金属氧化膜电阻器　在绝缘棒上沉积一层金属氧化物。因其本身即是氧化物，所以高温下稳定，耐热冲击，负载能力强。

d. 合成膜电阻器　将导电合成物悬浮液涂敷在基体上而得，因此也叫漆膜电阻器。

因其导电层呈现颗粒状结构，所以噪声大，精度低，主要用于制造高压、高阻、小型电阻器。

⑤ 金属玻璃铀电阻器　将金属粉和玻璃铀粉混合，采用丝网印刷法印在基板上。耐潮湿，高温，温度系数小，主要应用于厚膜电路。

⑥ 贴片电阻 SMT　片状电阻是金属玻璃铀电阻器的一种形式，它的电阻体是高可靠的钌系列玻璃铀材料经过高温烧结而成，电极采用银钯合金浆料。体积小，精度高，稳定性好，因其为片状元件，所以高频性能好。

（2）电容

电容是电子设备中大量使用的电子元件之一，广泛应用于隔直、耦合、旁路、滤波、调谐回路、能量转换、控制电路等方面。用 C 表示电容，电容单位有法拉（F）、微法拉（μF）、皮法拉（pF），$1F=10^6\mu F=10^{12}pF$。

1）电容器的型号命名方法

国产电容器的型号一般由四部分组成（不适用于压敏、可变、真空电容器）。依次分别代表名称、材料、分类和序号。

第一部分：名称，用字母表示，电容器用 C。

第二部分：材料，用字母表示。

第三部分：分类，一般用数字表示，个别用字母表示。

第四部分：序号，用数字表示。

用字母表示产品的材料：A—钽电解、B—聚苯乙烯等非极性薄膜、C—高频陶瓷、D—

铝电解、E—其他材料电解、G—合金电解、H—复合介质、I—玻璃釉、J—金属化纸、L—涤纶等极性有机薄膜、N—铌电解、O—玻璃膜、Q—漆膜、T—低频陶瓷、V—云母纸、Y—云母、Z—纸介 。

2）电容器的分类

① 按照结构分三大类：固定电容器、可变电容器和微调电容器。

② 按电解质分类有：有机介质电容器、无机介质电容器、电解电容器和空气介质电容器等。

③ 按用途分有：高频旁路、低频旁路、滤波、调谐、高频耦合、低频耦合、小型电容器。

④ 高频旁路：陶瓷电容器、云母电容器、玻璃膜电容器、涤纶电容器、玻璃釉电容器。

⑤ 低频旁路：纸介电容器、陶瓷电容器、铝电解电容器、涤纶电容器。

⑥ 滤波：铝电解电容器、纸介电容器、复合纸介电容器、液体钽电容器。

⑦ 调谐：陶瓷电容器、云母电容器、玻璃膜电容器、聚苯乙烯电容器。

⑧ 高频耦合：陶瓷电容器、云母电容器、聚苯乙烯电容器。

⑨ 低耦合：纸介电容器、陶瓷电容器、铝电解电容器、涤纶电容器、固体钽电容器。

⑩ 小型电容：金属化纸介电容器、陶瓷电容器、铝电解电容器、聚苯乙烯电容器、固体钽电容器、玻璃釉电容器、金属化涤纶电容器、聚丙烯电容器、云母电容器。

3）常用电容器

① 铝电解电容器　它是用浸有糊状电解质的吸水纸夹在两条铝箔中间卷绕而成，薄的氧化膜作介质的电容器。因为氧化膜有单向导电性质，所以铝电解电容器具有极性。它容量大，能耐受大的脉动电流，容量误差大，泄漏电流大；普通的不适于在高频和低温下应用，不宜使用在 25kHz 以上频率低频旁路、信号耦合、电源滤波。

电容量：$0.47\sim10000\mu F$。

额定电压：$6.3\sim450V$。

主要特点：体积小，容量大，损耗大，漏电大。

应用：电源滤波，低频耦合，去耦，旁路等。

② 钽电解电容器（CA）、铌电解电容器（CN）　用烧结的钽块作正极，电解质使用固体二氧化锰，温度特性、频率特性和可靠性均优于普通电解电容器，特别是漏电流极小，储存性良好，寿命长，容量误差小，而且体积小，单位体积下能得到最大的电容电压乘积，对脉动电流的耐受能力差，若损坏易呈短路状态，多用于超小型高可靠机件中。

电容量：$0.1\sim1000\mu F$。

额定电压：$6.3\sim125V$。

主要特点：损耗、漏电小于铝电解电容。

应用：在要求高的电路中代替铝电解电容。

③ 薄膜电容器　结构与纸质电容器相似，但用聚酯、聚苯乙烯等低损耗塑材作介质，频率特性好，介电损耗小，不能做成大的容量，耐热能力差，多用于滤波器、积分、振荡、定时电路。

a. 聚酯（涤纶）电容器（CL）。

电容量：$40pF\sim4\mu F$。

额定电压：$63\sim630V$。

主要特点：小体积，大容量，耐热耐湿，稳定性差。

应用：对稳定性和损耗要求不高的低频电路。

b. 聚苯乙烯电容器（CB）。

电容量：$10pF\sim 1\mu F$。

额定电压：$100V\sim 30kV$。

主要特点：稳定，低损耗，体积较大。

应用：对稳定性和损耗要求较高的电路。

c. 聚丙烯电容器（CBB）。

电容量：$1000pF\sim 10\mu F$。

额定电压：$63\sim 2000V$。

主要特点：性能与聚苯乙烯电容器相似但体积小，稳定性略差。

应用：代替大部分聚苯或云母电容器，用于要求较高的电路。

④ 瓷介电容器　穿心式或支柱式结构瓷介电容器，它的一个电极就是安装螺钉。引线电感极小，频率特性好，介电损耗小，有温度补偿作用，不能做成大的容量，受振动会引起容量变化，特别适于高频旁路。

a. 高频瓷介电容器（CC）。

电容量：$1\sim 6800pF$

额定电压：$63\sim 500V$。

主要特点：高频损耗小，稳定性好。

应用：高频电路。

b. 低频瓷介电容器（CT）。

电容量：$10pF\sim 4.7\mu F$。

额定电压：$50\sim 100V$。

主要特点：体积小，价廉，损耗大，稳定性差。

应用：要求不高的低频电路。

⑤ 独石电容器　独石电容器（多层陶瓷电容器）：在若干片陶瓷薄膜坯上被覆以电极浆材料，叠合后一次绕结成一块不可分割的整体，外面再用树脂包封而成的小体积、大容量、高可靠和耐高温的新型电容器，高介电常数的低频独石电容器也具有稳定的性能，体积极小，Q 值高，容量误差较大，多用于噪声旁路、滤波器、积分、振荡电路。

容量范围：$0.5pF\sim 1\mu F$。

耐压：2 倍额定电压。

主要特点：电容量大、体积小、可靠性高、电容量稳定，耐高温耐湿性好等。

应用范围：广泛应用于电子精密仪器。各种小型电子设备作谐振、耦合、滤波、旁路。

⑥ 纸介电容器　一般是用两条铝箔作为电极，中间以厚度为 $0.008\sim 0.012mm$ 的电容器纸隔开重叠卷绕而成。制造工艺简单，价格便宜，能得到较大的电容量。一般在低频电路内，通常不能在高于 $3\sim 4MHz$ 的频率上运用。油浸电容器的耐压比普通纸质电容器高，稳定性也好，适用于高压电路。

⑦ 微调电容器　电容量可在某一小范围内调整，并可在调整后固定于某个电容值。瓷介微调电容器的 Q 值高，体积也小，通常可分为圆管式及圆片式两种。云母和聚苯乙烯介质的通常都采用弹簧式，结构简单，但稳定性较差。线绕瓷介微调电容器是拆铜丝（外电

极）来变动电容量的，故容量只能变小，不适合在需反复调试的场合使用。

a. 空气介质可变电容器。

可变电容量：100～1500pF。

主要特点：损耗小，效率高；可根据要求制成直线式、直线波长式、直线频率式及对数式等。

应用：电子仪器，广播电视设备等。

b. 薄膜介质可变电容器。

可变电容量：15～550pF。

主要特点：体积小，重量轻；损耗比空气介质的大。

应用：通信，广播接收机等。

c. 薄膜介质微调电容器。

可变电容量：1～29pF。

主要特点：损耗较大，体积小。

应用：收录机，电子仪器等电路作电路补偿。

d. 陶瓷介质微调电容器。

可变电容量：0.3～22pF。

主要特点：损耗较小，体积较小。

应用：精密调谐的高频振荡回路。

⑧ 陶瓷电容器　用高介电常数的电容器陶瓷（钛酸钡—氧化钛）挤压成圆管、圆片或圆盘作为介质，并用烧渗法将银镀在陶瓷上作为电极制成。它又分高频瓷介和低频瓷介两种。具有小的正电容温度系数的电容器，用于高稳定振荡回路中，作为回路电容器。低频瓷介电容器限于在工作频率较低的回路中作旁路或隔直流用，或对稳定性和损耗要求不高的场合（包括高频在内）。这种电容器不宜使用在脉冲电路中，因为它们易于被脉冲电压击穿。高频瓷介电容器适用于高频电路。

⑨ 玻璃釉电容器（CI）　由一种浓度适于喷涂的特殊混合物喷涂成薄膜而成，介质再以银层电极经烧结而成"独石"结构，性能可与云母电容器媲美，能耐受各种气候环境，一般可在 200℃ 或更高温度下工作，额定工作电压可达 500V，损耗 $\tan\delta 0.0005\sim0.008$

电容量：10pF～0.1μF。

额定电压：63～400V。

主要特点：稳定性较好，损耗小，耐高温（200℃）。

应用：脉冲、耦合、旁路等电路。

4）电容器主要特性参数

① 标称电容量和允许偏差　标称电容量是标示在电容器上的电容量。

电容器实际电容量与标称电容量的偏差称误差，在允许的偏差范围称精度。

精度等级与允许误差对应关系：00（01）—±1%、0（02）—±2%、Ⅰ—±5%、Ⅱ—±10%、Ⅲ—±20%、Ⅳ—（+20%～10%）、Ⅴ—（+50%～20%）、Ⅵ—（+50%～30%）。

一般电容器常用Ⅰ、Ⅱ、Ⅲ级，电解电容器用Ⅳ、Ⅴ、Ⅵ级，根据用途选取。

② 额定电压　在最低环境温度和额定环境温度下可连续加在电容器的最高直流电压有效值，一般直接标注在电容器外壳上，如果工作电压超过电容器的耐压，可能会导致电容器

击穿，造成不可修复的永久损坏。

③ 绝缘电阻 直流电压加在电容上，并产生漏电电流，两者之比称为绝缘电阻。

当电容较小时，主要取决于电容的表面状态，容量＞0.1μF 时，主要取决于介质的性能，绝缘电阻越大越好。

电容的时间常数：为恰当地评价大容量电容的绝缘情况而引入了时间常数，它等于电容的绝缘电阻与容量的乘积。

④ 损耗 电容器在电场作用下，在单位时间内因发热所消耗的能量叫做损耗。各类电容器都规定了其在某频率范围内的损耗允许值，电容器的损耗主要由介质损耗、电导损耗和电容器所有金属部分的电阻所引起的。

在直流电场的作用下，电容器的损耗以漏导损耗的形式存在，一般较小，在交变电场的作用下，电容器的损耗不仅与漏导有关，而且与周期性的极化建立过程有关。

⑤ 频率特性 随着频率的上升，一般电容器的电容量呈现下降的规律。

5）电容器容量标示

① 直标法 用数字和单位符号直接标出。如 0.01μF 表示 0.01 微法，有些电容用"R"表示小数点，如 R56 表示 0.56 微法。

② 文字符号法 用数字和文字符号有规律的组合来表示容量。如 p10 表示 0.1pF，1p0 表示 1pF，6p8 表示 6.8pF，$2\mu2$ 表示 $2.2\mu F$。

③ 色标法 用色环或色点表示电容器的主要参数。电容器的色标法与电阻相同。

电容器偏差标志符号：$+100\% \sim 0$—H、$+100\% \sim 10\%$—R、$+50\% \sim 10\%$—T、$+30\% \sim 10\%$—Q、$+50\% \sim 20\%$—S、$+80\% \sim 20\%$—Z。

（3）二极管

无论是设计开发，还是维修维护，都要与二极管打交道。而二极管作为一种分立元件，在日常生活中是极为常见的，而使用起来却并不那么简单，需要知道一些它的特性参数。具体有下面几种：

① 最大整流电流 I_F：指二极管长期运行时允许通过的最大正向平均电流。该值与 PN 结的结面积和二极管工作时的散热条件有关。在实际应用中，如果二极管的正向工作电流超过该值，并且没有加额外的散热措施的话，则会烧坏二极管。

② 最大反向工作电压 U_R：指二极管在工作时所允许加的最大反向电压。超过此值就有可能将二极管击穿。通常取反向击穿电压的一半作为 U_R。

③ 反向电流 I_R：指二极管未击穿时的反向电流值。此值越小，二极管的单向导电性越好。此值与温度有密切关系，在高温运行时要特别注意。

④ 最高工作频率 f_M：主要受到 PN 结的结电容限制。超过此值，二极管的单向导电性将受到影响。

（4）三极管

三极管的参数反映了三极管各种性能的指标，是分析三极管电路和选用三极管的依据。

1）电流放大系数

① 共发射极电流放大系数

a. 共发射极直流电流放大系数，它表示三极管在共射极连接时，某工作点处直流电流 I_C 与 I_B 的比值。

b. 共发射极交流电流放大系数 β，它表示三极管共射极连接且 U_{CE} 恒定时，集电极电流

变化量 ΔI_C 与基极电流变化量 ΔI_B 之比，即管子的 β 值太小时，放大作用差；β 值太大时，工作性能不稳定。因此，一般选用 β 为 30～80 的管子。

② 共基极电流放大系数

a. 共基极直流电流放大系数。它表示三极管在共基极连接时，某工作点处 I_C 与 I_E 的比值。

b. 共基极交流电流放大系数 α。它表示三极管作共基极连接时，在 U_{CB} 恒定的情况下，I_C 和 I_E 的变化量之比，即：通常在 I_{CBO} 很小时，β 与 α 相差很小，因此，实际使用中经常混用而不加区别。

2）极间反向电流

① 集-基反向饱和电流 I_{CBO}　I_{CBO} 是指发射极开路，在集电极与基极之间加上一定的反向电压时所对应的反向电流。它是少子的漂移电流。在一定温度下，I_{CBO} 是一个常量。随着温度的升高 I_{CBO} 将增大，它是三极管工作不稳定的主要因素。在相同环境温度下，硅管的 I_{CBO} 比锗管的 I_{CBO} 小得多。

② 穿透电流 I_{CEO}　I_{CEO} 是指基极开路，集电极与发射极之间加一定反向电压时的集电极电流。I_{CEO} 与 I_{CBO} 的关系为：

$$I_{CEO} = I_{CBO} + I_{CBO}$$

该电流好像从集电极直通发射极一样，故称为穿透电流。I_{CEO} 和 I_{CBO} 一样，也是衡量三极管热稳定性的重要参数。

3）频率参数

频率参数是反映三极管电流放大能力与工作频率关系的参数，表征三极管的频率适用范围。

① 共射极截止频率 f_{β}　三极管的 β 值是频率的函数，中频段几乎与频率无关，但是随着频率的增高，β 值下降。当 β 值下降到中频段 0.707 倍时，所对应的频率，称为共射极截止频率，用 f_{β} 表示。

② 特征频率 f_T　当三极管的 β 值下降到 $\beta=1$ 时所对应的频率，称为特征频率。在 f_{β} ～f_T 的范围内，β 值与 f 几乎成线性关系，f 越高，β 越小，当工作频率 $f > f_T$ 时，三极管便失去了放大能力。

4）极限参数

① 最大允许集电极耗散功率 P_{CM}

P_{CM} 是指三极管集电结受热而引起晶体管参数的变化不超过所规定的允许值时，集电极耗散的最大功率。当实际功耗 P_c 大于 P_{CM} 时，不仅使管子的参数发生变化，甚至还会烧坏管子。

当已知管子的 P_{CM} 时，利用上式可以在输出特性曲线上画出 P_{CM} 曲线。

② 最大允许集电极电流 I_{CM}　当 I_C 很大时，β 值逐渐下降。一般规定在 β 值下降到额定值的 2/3（或 1/2）时所对应的集电极电流为 I_{CM} 当 $I_C > I_{CM}$ 时，β 值已减小到不实用的程度，且有烧毁管子的可能。

③ 反向击穿电压 BV_{CEO} 与 BV_{CEO}　BV_{CEO} 是指基极开路时，集电极与发射极间的反向击穿电压。BV_{CBO} 是指发射极开路时，集电极与基极间的反向击穿电压。一般情况下同一管

子的 BV_{CEO} （0.5～0.8） BV_{CBO} 。三极管的反向工作电压应小于击穿电压的 （1/2～1/3），以保证管子安全可靠地工作。

三极管的 3 个极限参数 P_{CM}、I_{CM}、BV_{CEO} 和前面讲的临界饱和线、截止线所包围的区域，便是三极管安全工作的线性放大区。一般作放大用的三极管，均须工作于此区。

参考文献

［1］倪云峰．单片机原理与应用．西安：西安电子科技大学出版社，2009.

［2］万隆．单片机原理及应用技术．北京：清华大学出版社，2010.

［3］朱彬．单片机应用技术．杭州：浙江大学出版社，2015.

［4］张刚．数字电子技术基础．北京：中国电力出版社，2011.